人工智能与智能教育丛书　袁振国 / 主编

袁 融 著

CAUSAL INFERENCE

因果推断

教育科学出版社
· 北 京 ·

出 版 人　李　东
责任编辑　刘明堂
版式设计　私书坊　沈晓萌
责任校对　马明辉
责任印制　叶小峰

图书在版编目（CIP）数据

因果推断 / 袁融著. —北京：教育科学出版社，2021.12
（人工智能与智能教育丛书/ 袁振国主编）
ISBN 978-7-5191-2670-4

Ⅰ. ①因…　Ⅱ. ①袁…　Ⅲ. ①人工智能　Ⅳ. ①TP18

中国版本图书馆CIP数据核字（2021）第261688号

人工智能与智能教育丛书
因果推断
YINGUO TUIDUAN

出版发行	教育科学出版社		
社　　址	北京·朝阳区安慧北里安园甲9号	邮　　编	100101
总编室电话	010-64981290	编辑部电话	010-64981167
出版部电话	010-64989487	市场部电话	010-64989009
传　　真	010-64891796	网　　址	http://www.esph.com.cn

经　　销	各地新华书店		
制　　作	北京思瑞博企业策划有限公司		
印　　刷	北京联合互通彩色印刷有限公司		
开　　本	720毫米×1020毫米　1/16	版　　次	2021年12月第1版
印　　张	8.5	印　　次	2021年12月第1次印刷
字　　数	69千	定　　价	55.00元

丛书序言

人类已经进入智能时代。以互联网、大数据、云计算、区块链特别是人工智能为代表的新技术、新方法，正深刻改变着人类的生产方式、通信方式、交往方式和生活方式，也深刻改变着人类的教育方式、学习方式。

人类第三次教育大变革即将到来

3000 年前，学校诞生，这是人类第一次教育大变革。人类开启了有目的、有计划、有组织的文明传递历史进程，知识被有效地组织起来，文明进程大大提速。但能够接受学校教育的人数在很长时间里只占总人口数的几百分之一甚至几千分之一，古代学校教育是极为小众的精英教育。

300 年前，工业革命到来。工业化生产向每个进入社会生产过程的人提出了掌握现代科学知识的要求，也为提供这种知识的教育创造了条件，这导致以班级授课制为基础的现代教育制度诞生。这是人类第二次教育大变革。班级授课制极大地提高了教育效率，使得大规模、大众化教育得以实现。但是，这种教育也让人类付出了沉重的代价，人类教育从此走上了标准化、统一化、单一化道路，答案标准、节奏统一、内容单一，极大地限制了人的个性化和自由性发展。尽管几百年来人们进行了各种努力，力图通过学分制、选修制、弹性授课制等多种方式缓解和抵消标准化班级授课制带来的弊端，但总的说来只是杯水车薪，收效甚微。

今天，网络化、数字化特别是智能化，为实现大规模个性化教育提供了可能，为人类第三次教育大变革创造了条件。

人工智能助力实现教育个性化的关键是智适应学习技术，它通过构建揭示学科知识内在关系的知识图谱，测量和诊断学习者的已有水平，跟踪学习者的学习过程，收集和分析学习者的学习数据，形成个性化的学习画像，为学习者提供个性化的学习方案，推送最合适的学习资源和学习路径。在反复测量、推送、跟踪学习、反馈的过程中，把握学习者的最近发展区[①]，为每个人提供最适合的学习内容和学习方式，激发学习者的学习兴趣和学习热情，使学习者获得成就感、增强自信心。

智能教育将是未来十年人工智能发展的“风口”

人工智能正在加速发展。从人工智能概念的提出，到

① 最近发展区理论是由苏联教育家维果茨基（Lev Vygotsky）提出的儿童教育发展观。他认为学生的发展有两种水平：一种是学生的现有水平，指独立活动时所能达到的解决问题的水平；另一种是学生可能的发展水平，也就是通过教学所获得的潜力。两者之间的差异就是最近发展区。教学应着眼于学生的最近发展区，为学生提供带有难度的内容，调动学生的积极性，使其发挥潜能，超越最近发展区而达到下一发展阶段的水平。

人工智能的大规模运用，花费了50年的时间。而从深蓝（Deep Blue）到阿尔法狗（AlphaGo），再到阿尔法虎（AlphaFold），人工智能实现三步跨越只用了22年时间。

1997年5月，IBM的电脑深蓝在一场著名的人机对弈中首次击败了国际象棋大师加里·卡斯帕罗夫（Garry Kasparov），证明了人工智能在某些情况下有不弱于人脑的表现。深蓝的主要工作原理是用穷举法，列举所有可能的象棋走法，并利用为加速搜索过程专门设计的“象棋芯片”，采用并行搜索策略进一步加速，在搜索广度和速度上战胜了人类。

2016年3月，谷歌机器人阿尔法狗第一次击败职业围棋高手李世石。阿尔法狗的主要工作原理是“深度学习”。深度学习（deep learning）是一种复杂的机器学习算法，它试图模仿人脑的神经网络建立一个类似的学习策略，进行多层的人工神经网络和网络参数的训练。上一层神经网络会把大量矩阵数字作为输入，通过非线性加权和激活函数运算，输出另一个数据集合，该集合作为下一层神经网络的输入，反复迭代构成一个“深度”的神经网络结构。深度学习本质上是通过大数据训练出来的智能，其最终目标是让机器能够像人一样具有分析学习能力，能够识别文字、图像和声音等数据。

2019年谷歌的阿尔法虎可以仅根据基因“代码”来预测生成蛋白质3D形状。蛋白质是生命存在的基础，和细胞组成内容息息相关。蛋白质的功能取决于它的3D结构，通过把基因序列转化为氨基酸序列，绘制出蛋白质最终的形状，是科学家一直在研究和探讨的前沿科学问题。一旦研究得出结果，将帮助我们解开生命的奥秘。阿尔法虎的工作原理是使用数千个已知的蛋白质来训练一个深度神经网络，利用该神经网络来预测未知蛋白质结构的一些关键参数，如氨基酸对之间的距离、连接这些氨基酸的化学键及它们之间的角度等，从而发现蛋白质的3D结构。

深蓝是经典人工智能的一次巅峰表演，通过算法与硬件的最佳结合，将传统人工智能方法发挥到极致；阿尔法狗是新兴的深度学习技术最具成就的一次展示，是人工智能技术的一次质的飞跃；阿尔法虎则是新兴深度学习技术在应用上的一次突破，超乎想象地完成了人难以完成的蛋白质结构学习这个生命科学领域的前沿问题。从深蓝到阿尔法狗用了近20年时间，从阿尔法狗到阿尔法虎只用了3年时间。人工智能技术更新迭代的速度越来越快，人工智能应用场景也从棋类等高级智力游戏向生物医学等科学前沿转变，这将从方方面面影响甚至改变人类生活。随着人工智能从感知智能向认知智能发展，从数据驱动向知识与数据联合驱动跃进，人工智能的可信度、可解释性不断提高，应用的广度和深度无疑将会得到难以想象的拓展。

教育是人工智能应用的最重要和最激动人心的场景之一，正在成为人工智能的下一个“风口”。国家主席习近平向2019年在北京召开的国际人工智能与教育大会所致贺信中指出：“中国高度重视人工智能对教育的深刻影响，积极推动人工智能和教育深度融合，促进教育变革创新，充分发挥人工智能优势，加快发展伴随每个人一生的教育、平等面向每个人的教育、适合每个人的教育、更加开放灵活的教育。”同年10月，中国共产党第十九届四中全会通过了《中共中央关于坚持和完善中国特色社会主义制度推进国家治理体系和治理能力现代化若干重大问题的决定》，明确提出在构建服务全民终身学习的教育体系中，应发挥网络教育和人工智能优势，创新教育和学习方式，加快发展面向每个人、适合每个人、更加开放灵活的教育体系。把握历史机遇，抢占人工智能高地，引领人类第三次教育变革，时不我待。

智能教育前景无限、任重道远

人工智能在教育场景的应用，与工业、金融、通信、交通等场景不同，与医疗、司法、娱乐等场景也有显著的不同，它作用的对象是人，是人的思想、感情、人格，因而不仅仅要提高效率、赋能教育，更要关注教育的特殊性，重塑教育。但到目前为止，人工智能在教育中的运用尚停留于教育的传统场景，是以技术为中心，是对现有教育效能的强化，对现有教育效率的提高。至于现有教育效能是否需要强化，现有教育效率是否需要提高，尚缺乏思考，更缺少技术应对。我把目前这种状态称为“人工智能＋教育”。而我们更需要的是基于促进人的发展的需要的智能教育，是以人的发展为中心，以遵循教育规律为旨归，它不仅赋能教育，更是重塑教育，是创设新的教育场景，促进教育的变革，促进人的自由的、自主的、有个性的发展，我把它称为“教育＋人工智能”。

智适应学习的研究和运用目前也尚处于知识教学的层面，与全面育人的理念和教育功能相差甚远。从知识学习拓展到能力养成、情感价值熏陶，是更大的目标和更大的挑战。研发3D智适应学习系统，即通过知识图谱、认知图谱、情感图谱的整体开发，实现知识、能力、情感态度教育的一体化，提供有温度的智能教育个性化学习服务。促进学习者快学、乐学、会学，促进学习者成长、成功、成才，是“教育+人工智能”的出发点，也是华东师范大学上海智能教育研究院的追求目标。

培养智能素养，实现人机协同

人工智能不仅正进入各行各业，深刻改变所有行业的面貌，而且影响到我们每个人的生活；不仅为智能教育的发展创造了条件，也提出了提高教师运用智能教育技术改进教学方式的能力的要求，提出了提高全民智能素养的要求。关键的一点是学会人机协同。在智能时代，能否人机互动、人机协同，直接关系到一个人的工作效能，关系到学生学习、教师教学的效能和价值，也关系到每个人的生活能力和生活质量。对全体国民来说，提高智能素养，了解人工智能的基本原理、功能和产品使用，就如同工业革命到来以后，了解现代科学的知识一样，已成为每个公民的必备能力和基本素养。为此，我们组织编写了这套“人工智能与智能教育丛书”。

本丛书聚焦人工智能关键技术和方法，及其在教育场景应用的潜在机会与挑战，提出智能教育的未来发展路径。

为了编写这套丛书，我们组建了多学科交叉的研究团队，吸纳了计算机科学、软件工程、数据科学、心理科学、脑科学与教育科学学者共同参与和紧密结合，以人工智能关键技术为牵引，以教育场景应用为落脚点，力图系统解读人工智能关键技术的发展历史、理论基础、技术进展、伦理道德、运用场景等，分析在教育场景中的应用形式和价值。

本丛书定位于高水平科学普及，人人需看；秉持基础性、可靠性、生动性，从读者立场出发，理论联系实际，技术结合场景，力图通俗易懂、生动活泼，通过故事、案例的讲述，深入浅出、图文并茂地讲清原理、技术、应用和前景，希望人人爱看。

组织和参与这样一个跨越多学科的工程，对我们来说还是第一次尝试，由于经验和能力有限，从丛书整体策划到每一分册的写作，一定都存在许多不足甚至错误，诚恳希望读者、专家提出批评和改进建议。我们将不断更新迭代，使之不断完善。

华东师范大学上海智能教育研究院院长　袁振国

2021 年 5 月

序　言

过去十年，人工智能技术突飞猛进的发展让世界为之一振——从人脸识别到语音助手，从自动驾驶到信贷评估，从越来越精准的个性化推荐到战无不胜的“围棋大师”，人工智能不断给我们带来惊喜，也对各行各业产生了深远的影响。

在许多人眼中，人工智能的各种应用可谓是神乎其神，可事实上人工智能并没有那么神秘。得益于计算机并行运算能力的大幅提升与互联网时代大数据的充足供给，人工智能的核心模型深度神经网络（Deep Neural Network）和深度强化学习（Deep Reinforcement Learning）有了充分施展的舞台。而作为这些模型的前身，神经网络（Neural Network）和动态规划（Dynamic Programming）理论早在半个世纪前就已经建立。所以从严格意义上来说，今天的人工智能技术是算法工程技术的延伸和发展，而不能算是科学的发明和发现。

根据目前我们对人脑运转方式的理解，人工智能模型的计算方式与人脑的思考方式有着根本不同。比如，脑科学家们发现深度神经网络中的核心算法之一“反向传播”

在人脑中是无法实现的（Crick,1989）。当前阶段人工智能技术在本质上是一项基于给定目标从大量数据中提炼变量之间相关关系的工程技术。这意味着机器虽然可以将自己提炼到的规律表达得十分精准，但它并不能真正理解事情运行的内在原因。

2020年，著名的人工智能公司OpenAI发布了GPT-3，一个基于5700亿GB语料、包含1750亿个参数的强大自然语言生成模型。它在许多问题上表现得十分抢眼，不过在“我的脚上有几只眼睛”这样莫名其妙的问题面前却显得手足无措（Lacker, 2020）。眼睛长在头上，而不是长在脚上，五岁的孩子会告诉你这是一件不言而喻的事情，所以我们大概也不会用文字专门去记录这个关系。但这就给GPT-3制造了麻烦，因为它只能从给定的语料中去进行猜测，却似乎并不理解脚和眼睛到底是什么，以及它们之间是什么位置关系。如果人工智能真的要像人一样思考，就必须在理解事物之间的因果关系上有所突破。

因果关系是人工智能的短板，却是人类的长项。从人类起源开始，我们的祖先就从来没有停止过“为什么”的追问。因果关系不断被发现和证实的过程，也是人类文明演进的过程。对于我们每一个普通人来说，因果关系这个概念并不高深，我们平时关心的问题背后都隐含着因果关系，比如：

- 疫苗对病毒的预防作用有多可靠？
- 高考失利了，应该复读吗？

- 机动车限行有助于降低空气污染吗？
- 如果不给孩子报补习班，孩子能考上重点中学吗？
- 网页推送广告对提升产品的销量有多大作用？

因果推断理论的创立，就是为了提供回答这类问题的可靠方法。因果推断是基于数据和统计学的分析方法，它的目标是量化一个事件对另一个事件的影响程度。因果推断理论在过去的半个世纪以内才真正被建立起来，短短几十年间，因果推断的应用场景越来越广泛，特别是在医学、社会科学、企业管理、政策制定等领域，它的重要作用逐渐显现，成为科学决策的关键技术之一。

不过，虽然我们的生活都受益于因果推断的运用，但是大多数人并不知道其中的基本原理。本书希望通过非技术性的语言，为你介绍因果推断的基础知识，向你讲述科学决策背后的有趣故事。本书共分为五章。

第一章将带你走进因果推断的世界。在这一章中，你会理解什么是因果关系和因果推断，并且通过因果推断理论奠基人之一朱迪亚·珀尔（Judea Pearl）建立的因果思维层级框架深入了解因果推断的不同层级。最后希望你通过历史上著名的大争论——吸烟是否导致肺癌，对因果推断的意义及其面临的挑战有一个直观感受。

第二章中你会认识到分辨因果关系不是一件容易的事情。本章强调了因果关系和相关关系的区别。你会发现，虽然相关关系容易获得，但依靠相关关系作出决策往往会导致误判。本章中你还会了解烧脑的辛普森悖论和三门问题，希望这两个烧脑的问题会进一步激发你学习因果推断的兴趣。

第三章将介绍如何通过随机对照实验来进行因果推断。随机对照实验被称为确定因果关系的黄金法则，有了它，我们才能真正建立量化因果关系的可靠方法。希望你在这一章中不仅了解随机对照实验的原理和应用，同时对它的实验步骤和局限性也建立一个基本认知。

第四章将介绍如何通过对历史自然数据的分析来进行因果推断。这是因果推断理论的主要部分。你将使用因果关系图，了解什么是因果推断中的混淆变量和对撞变量，为什么我们需要排除它们的干扰，以及如何判断什么时候我们需要对它们进行控制来获得因果关系。我们还会介绍控制混淆变量的三种技术手段——分层法、回归法和匹配法。最后，我们会回顾辛普森悖论和三门问题，看看你是否可以运用本章学习的知识去解决第二章中遗留的问题。

第五章将介绍人工智能和因果推断的关系。人工智能创造出了无限可能，但我们也需要理解人工智能因为不具备因果推断能力而呈现出的问题。期待你在阅读这一章后，对人工智能技术有一个更加深入的认识，并且看到因果推断理论在未来的人工智能发展中的关键作用。

本书所涉及的内容只是因果推断理论的冰山一角，仅希望可以使你对现代因果推断理论有一个初步认知，激发你对这门年轻学科的兴趣，促进你对科学决策的理性思考，为你之后继续深入了解因果推断和人工智能技术打下一个良好的基础。

目　　录

一 什么是因果推断

开宗明义，我们首先要来说说什么是因果推断，以及我们为什么要了解和学习因果推断。本章中，你会看到因果推断不仅是一个与我们日常生活息息相关的概念，也是一种推动人类文明发展的重要思维方式，还是一个解决重大社会问题的科学决策利器。

逻辑思维的自然属性：“为什么”的追问

因果推断并不是一个高深的概念。只要你稍加注意，就会发现在生活中我们每天都在进行“为什么”的追问，比如“为什么我今天感到精神不佳”，“为什么最近老师总是针对我”，“为什么孩子总是哭闹”，等等（见表 1-1）。

当问题提出后，我们就会开始寻找一种潜在的因果关系，这种追因的倾向几乎是与生俱来的。“因为原因 A，导致了结果 B。”我们会尽快找到一个对应的因果关系，来解释之前观测到的问题。比如“可能是因为昨天晚上睡得不好”，“大概是我上课总是影响其他同学的缘故”，以及“不是要吃奶就是哪里不舒服”。在这些“原因”的表述中，“是因为……”，“……的缘故”，“不是……就是……”，都是因果推断在语言逻辑上的表达。

表 1-1　生活中“为什么”的追问

问题	为什么我今天感到精神不佳？	为什么最近老师总是针对我？	为什么孩子总是哭闹？
原因	可能是因为昨天晚上睡得不好。	大概是我上课总是影响其他同学的缘故。	不是要吃奶就是哪里不舒服。
行动	特别注意晚上保暖并且按时睡觉。	上课时收敛一些，认真听讲。	事先准备好奶瓶并且检查全身。
其他可能性	压力过大，患慢性疾病，春困秋乏。	成绩下滑，调皮捣蛋，心理暗示。	想睡觉，需要换尿布，想要人陪。

找到“原因”以后，我们就可以有的放矢。因果关系之所以关键，是因为我们将凭借它进行判断和推论，并且进一步决定如何“行动”。

不过你可能发现了，因果关系也是一个主观认知。我们心理上倾向于尽快将观察到的“问题”归结为一个“原因”，甚至如果无法建立起一个因果关系的时候，我们可能会变得烦躁。但是我们会发现，许多时候我们主观上认可的因果关系可能并不正确，一个结果的发生可能对应了许多潜在的“其他可能性”。比如精神不佳可能仅仅只是因为季节更替，俗话说“春困秋乏夏打盹，睡不醒的冬三月”；老师总是针对我可能也仅仅是因为自己心虚而产生的心理暗示，其实老师什么也没做；孩子总是哭闹也可能只是想要人来陪伴而已。

如何才能确立“靠谱”的因果关系呢？这也是本书希望为你展开的核心内容。在开始对因果推断的探索之前，我们需要了解的是，确立“靠谱”的因果关系并不是一件容易的事。可以说在这个世界上值得信赖的因果关系远远不如伪因果关系数量多。我们可以先进行一个小测试：下面有十个健康常识问题，请你猜一猜其中有哪些因果关系是已经被现代科学所证实了的？

- 吃黑芝麻能让头发变黑；
- 吃木瓜可以丰胸；
- 喝反复烧开的水会影响身体健康；
- 打呼噜说明睡得香；
- 长期晚睡会导致熬夜伤身；
- 用生姜擦头皮能够刺激生发；
- 胎教能让宝宝变得更加聪明；
- 训练非惯用手可以开发大脑；
- 喝红酒可以软化血管；
- 洗头越多头发掉得越快。

答案就是，以上这些因果关系中没有任何一项是被科学证实的，而且目前的科学研究告诉我们这些因果关系都不太靠谱！（当然，遵循以上这些因果关系是不会有什么负作用的。）我们被许多潜在的因果关系所围绕，依靠个人的经验经常无法分辨，所以很多时候才会人云亦云，做无用功，甚至受骗上当。因果推断的核心目标，就是对潜在的因果关系进行分析，分辨哪些是可信的关系，哪些是站不住脚的关系。希望通过本书的学习你可以了解如何用科学的方法来提升分辨因果关系的能力，进行有效的因果推断。

我们还需要从哲学层面来了解一下因果关系的本质。从某种程度上说，并没有绝对的因果关系。因果关系的本质是我们对事物之间关系和规律的描述，这种描述本身是一个假设，而假设本身是一种主观认知。即便是牛顿三大定律，其本质也是一种对于物理世界规律的假设，也有它的适用环境。牛顿定律在我们日常的物理世界中非常可靠，但在量子世界中就不再有效。所以我们要认识到，既然因果关系的本质是对假设的描述，那就一定有其适用的范围，没有什么是永恒不变的绝对因果关系。从另一个角度看，假设的延伸和更迭恰恰反映了人们认知的升级。比如当我们发现牛顿定律在量子世界中不再准确的时候，我们拥抱了新的假说——爱因斯坦相对论，继而开拓了新的量子物理学领域。

理解了什么是因果关系，我们最后来看什么是因果推断。因果推断是一种科学的分析手段。因果推断的目标是量化原因 A 对结果 B 的影响程度。要进行因果推断，我们需要三个输入，分别是因果关系假设、因果问题和数据（见图 1-1）。如前所述，因果关系假设来自我们对世界的经验和认知，基于因果关系假设之上，针对具体的因果问题，结合给定的数据，我们才能进行因果推断，并最终给出问题的答案。也就是说，任何一种潜在的因果关系，都需要经过假设、提问、数据验证，才能够最终被推论为我们对世界的认知，成为指导行为和决策的规则。我们学习因果推断的核心就是要学会如何通过数据分析，去检验因果关系假设，将假设描述转化为基本认知，从而指导决策和行动。

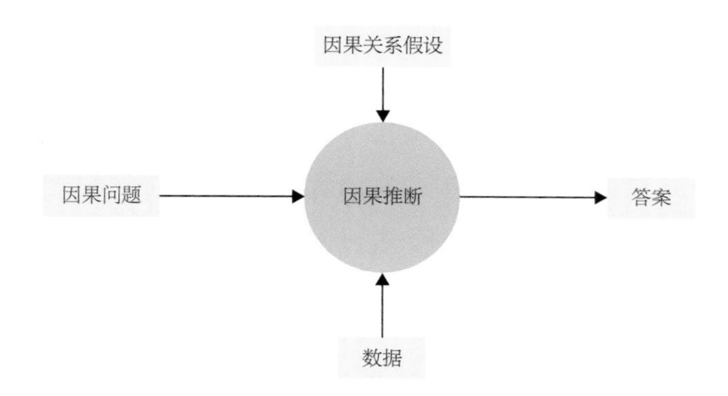

图 1-1 因果推断的三个输入

以上，我们了解了什么是因果关系以及什么是因果推断。虽然提出“为什么”的问题是人类与生俱来的一种能力，但如何甄别出“靠谱”的因果关系却不是一件容易的事。你准备好和我一起继续探寻因果之道的奥秘了吗？

人类文明的内在动因：因果思维层级框架

上一节中，我们了解到建立因果关系是一种人类与生俱来的思维方式，其本质是对事物之间规律的假设。朱迪亚·珀尔（Judea Pearl），现代因果推断理论的主要奠基人之一，在他的著名畅销书《为什么：关于因果关系的新科学》一书中提出了将因果思维分为三个层级的经典框架（Pearl et al., 2018）。这三个层级分别是观察、干预和想象。这个因果思维层级框架是在思维层面上对因果推断的高度总结，本节我们就来介绍因果思维层级框架。

首先，第一层级，什么是“观察”呢？观察的目的是发现事物之间的关联。比如我们发现：

- 人们买饺子皮的时候很有可能同时买一些肉馅；
- 球队的成绩和队中球星的数量很有关系；
- 收入高的人很可能学历也高。

这些都是我们通过观察发现的事件之间的相关关系。这很重要，因为一旦我们确认事件 A 和事件 B 存在相关关系，那么在今后观察到事件 A 发生的时候，我们就能够更加准确地预测事件 B 发生的可能性。

不过在“观察”层级，我们仅仅研究相关性，并不追求什么是因，什么是果。在上面的例子中，我们只是从数据中发现两者相关，但是并不关心：

- 人们是因为买饺子皮才买了肉馅，还是因为买了肉馅才买了饺子皮；
- 球队是因为球星的发挥取得了好成绩，还是因为强队本身就有更多的资源去签约更多大牌球星；

● 收入高是因为学历高，还是因为高收入的人更倾向于选择学业上的深造。

相关性比较容易观察，但是想要了解因果关系，我们就需要“更上一层楼”。

其次，第二层级，什么是“干预”呢？干预就是通过主动施加影响来造成结果的变化，从而获得主动干预因素和结果之间的因果关系。比如在上面的例子里，我们可以：

● 通过降价的手段来对肉馅进行促销，从而研究肉馅销售对饺子皮销售的影响；

● 通过引入更多的球星来测试是否更多球星真的能提升球队的成绩；

● 通过读研究生来验证是否之后会得到收入的提升。

在“干预”层级中，我们不满足于仅仅从观察中获得事物之间的相关性，而是希望直接控制改变“输入”来观察“输出”的变化，从而找到确定的因果关系。不难发现，“干预”就是要进行实验，它是直接导向因果关系和决策的。科学研究、企业运营、政策制定，无一不用到干预的思维和方法。

最后，第三层级，什么是“想象”呢？想象是根据现实世界中得到的事实结果，去反推未发生事件的可能性。比如在前面的例子里，我们在已知当前情况下，还可以对过往发出“如果……会怎么样”的追问：

- 如果上个星期肉馅没有脱销，饺子皮是不是就能卖出去了呢？
- 如果这个赛季球星没有受伤，球队是否就有可能夺冠了呢？
- 如果我当年读了研究生，现在的工资是不是会更高呢？

你可能发现了，这些假设的情形都没有发生，但我们仍然想知道如果情况改变了的话，结果会如何变化。我们将这称为反事实推断。之所以“想象”是比“干预”更高的思维层级，是因为想象层级的问题涉及虚拟的情形，所以更难回答，我们通常需要利用更复杂的模型去推理虚拟情形中可能出现的情况。

观察、干预、想象构成了因果思维逻辑的三个层级。第一层是通过观察事实找到事物之间的相关联系。第二层是通过干预发现事物之间的因果关系。第三层是在已知事实的情况下通过想象推断虚拟情形下结果将会如何变化。思维层级越高，要回答的问题难度也越高，所需要的理论手段也随之升级。

每当想到我们的先辈沿着因果逻辑的思维阶梯，不断攀登上一座又一座人类文明的里程碑时，我们都会由衷感叹人类智慧的伟大和神奇。人类从采集狩猎文明进入到农耕文明，可能就是从观察一粒小小的种子从泥缝里长出来开始的。种子在泥土里长成了谷子，这是一个简单但至关重要的观察结果。真正进入到大规模的农业种植生产，我们的祖先经历了上千年的探索。这些探索中就不乏主动干预，比如发现松土可以极大地提升粮食生产率，进而不断根据经验进行试验。而这些探索的起源，可能只是来源于某一位先人的想象和疑问：如果我们拥有更加坚固的工具，是否可以更轻松地松土，从而收获更多的粮食呢？随后我们发现，从开始的动物骨头到石器、青铜器再到铁器，生产工具不断升级，农业产量也就不断增加。

人类文明的星河中，闪烁着无数个“为什么”的光点。直到今天，我们通过因果思维层级的望远镜，才又一次被它的美丽壮观所震撼。

科学决策的核心方法：从吸烟是否导致肺癌的大争论说起

因果思维在人类的文明演进中起到了至关重要的作用，但现代的因果推断理论在过去的半个世纪中才得到真正的发展。在过去的几十年里，因果推断在许多重大医疗、教育、经济等公共政策问题上发挥着越来越重要的作用。以下我们一起来回顾在因果推断理论发展早期一个影响世界的真实案例，这就是经典的1950—1964年间对“吸烟是否导致癌症”的一场长达14年的大争论。

进入20世纪初期的美国，工业飞速发展，烟草行业也因为工业化的进程产生了巨大的变革。越来越多的人开始吸食香烟——相比烟斗和雪茄，这种事先做好的卷烟不仅使用方便而且价格便宜，还得到了蓬勃发展的广告业的加持，很快成为美国最流行的商品之一。香烟从20世纪初进入市场，发展到1965年的顶峰时，烟民的数量占据美国全国总人口的45%，平均每一个烟民一天就会消耗25支以上香烟。

香烟的流行让许多人名利双收，然而，人们发现社会中肺癌病人的数量也直线上升。有的人开始意识到似乎肺癌和吸烟之间有着某种密切的关联。大家开始警觉，会不会吸烟和患肺癌之间存在因果关系呢？从今天的角度看，这似乎是一件不言而喻的事情。事实上，如果我们站在今天去回顾香烟消耗量和肺癌死亡率趋势的话（见图1-2），我们一眼就可以发现男性肺癌死亡率的趋势和香烟消耗量的趋势是高度一致的，只是肺癌死亡率大约滞后于香烟消耗量30年。但是请注意，仅仅根据趋势曲线是无法判定因

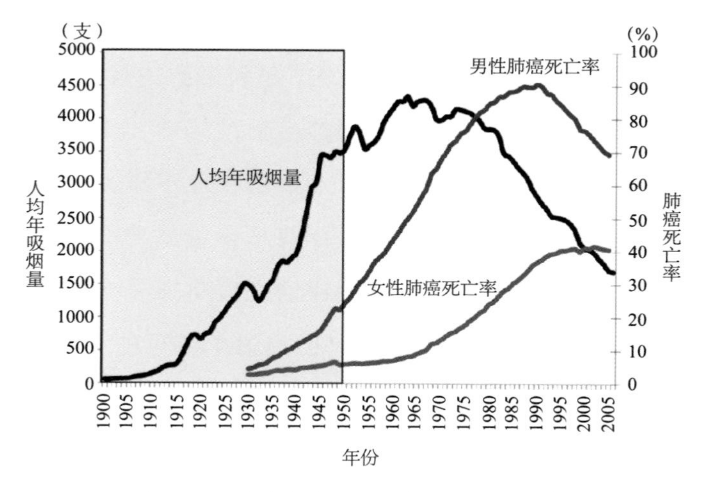

图1-2　美国香烟消耗量和肺癌死亡率趋势图

果关系的，因为曲线的相似只代表了相关关系，而不能证明因果关系。如果我们不去看 1960 年之后的曲线，假想我们来到了 1960 年，我们看到的就只是高速增长的香烟消耗量和同样高速增长的肺癌死亡率，只是后者滞后了大约 30 年。但这并不具有说服力——因为找到两个相隔 30 年但都快速增长的变量并不困难！

从 1950 年开始，不断有新的调查表明：（1）肺癌患者中吸烟者的比例，远远大于非肺癌患者中吸烟者的比例；（2）重度吸烟者中肺癌患者的比例，远远大于非吸烟者中肺癌患者的比例。这些调查中展现的差距之大让更多的人怀疑吸烟对肺癌有着直接的影响。然而，这些调查仍然说服力不够，因为这些调查的结果还是只能说明吸烟和得肺癌这两件事情有极大的相关性，但不能说明吸烟就是导致癌症的原因。许多支持吸烟的人认为，一定存在诸如致癌基因这样的“其他”因素，同时导致了吸烟倾向和致癌概率，所以吸烟并不是致癌的原因。换句话说，如果你运气不好拥有致癌基因，即使你不吸烟，你患肺癌的概率也会很高。对于致癌基因等其他因素，在因果关系理论中我们给了它们一个专门的名字——混淆变量（Confounder）。我们会在之后的章节中具体介绍混淆变量这个概念。但是从当年这一因果关系被质疑开始，在长达十多年的时间里，没有一个人能够给出有力的驳斥。似乎谁也无法证明不存在这样的混淆变量，人们也只是对混淆变量有各种猜想，但却无法测量它。

在那个时代，由于支持吸烟的势力非常强大，很多人对吸烟导致癌症这种观点进行了口诛笔伐。他们当中不乏烟民，更有甚者在烟草公司的资助下故意打压吸烟有害的言论。这些言论听起来也不乏道理，比如，也许肺癌和越来越糟糕的空气质量很有关系，也许肺癌和人们的不良生活习惯有关系，但核心观点就是肺癌和吸烟这件事没有关系。

另外值得一提的是，尽管随机对照实验（我们在后面的章节中会具体介绍）已经在那个年代被广泛认知，但是在吸烟这个问题上进行随机对照实验却寸步难行。因为在随机对照实验中，我们需要找到非常相似的人群，让其中一组人吸烟，另外一组人不吸烟，然后再观察对比结果。这显然是不可行的，因为我们无法为了收集实验数据而强迫任何人吸烟。

如果是你，你会采取什么样的方法来说服大众呢？在那个年代，因果关系的理论初露萌芽，科学家们也没有厘清如何从大量的临床数据中得出确凿的因果关系结论，无数人在吸烟是否会导致癌症的问题上争论不休，始终无法给出定论。

但是，这场因果思辨却因为这个极为敏感的社会议题被公众认知，并最终推动了因果推断的发展。如前所述，在大量的调查数据面前，人们已经发现吸烟和患肺癌有着极大的相关性。现在问题的关键是如何排除可能的混淆变量。聪明的科学家提出了一个类似反证的思考方法，即我们可以先假设确实存在某些混淆变量，比如说一种既可以致癌也会让人具有强烈吸烟倾向的基因，然后再通过数据来分析这个基因的影响力。假设我们通过数据分析发现，吸烟者比非吸烟者患肺癌的概率高20倍，那么为了解释在数据中看到的20倍的差异，我们就需要致癌基因在吸烟者中的携带率比非吸烟者高20倍，否则我们就不能得到吸烟和患肺癌没有直接因果关系的结论。换句话说，如果这个基因在非吸烟者中的携带率是5%，那它在吸烟者中的携带率就应该是100%。这让当时的决策者们认识到，如果确实存在一个重要的混淆变量，那通过反推的结论，这个混淆变量的影响力必须大到一个难以置信的程度。所以这样的混淆变量很有可能并不存在，或者即使存在也不能掩盖吸烟对肺癌的影响。这个论证大大加强了人们对吸烟导致肺癌这个论断的信心。

1965年，由美国政府部门组成的专项咨询委员会得出了吸烟导致肺癌的最终结论。随后烟盒上被强制印上了“吸烟有害健康”的提示，并且香烟广告被禁止在电视上播出。虽然委员会的最终报告也指出，当前的统计学方法还不足以确认吸烟和肺癌之间的直接因果关系，但毫不为过地说，这个结论拯救了上百万人的生命，吸烟人数在1965年之后开始逐渐下降。

回过头来看，吸烟是否导致肺癌这个经典案例，不仅是基于科学方法指导重大公共政策决策的一次重要实践，也同时激发了因果推断理论的发展。从数据中很容易发现相关性，但却不容易得出因果关系。人们发现当随机对照实验无法实施时，我们缺少有效的数学语言和统计学方法来得到可靠的因果推论。在这个长达14年的争辩过程中，真理越辩越明，人们认识到了因果推断的关键作用。

二　因果推断的缺席

看似直观的因果关系，细细想来却可能似是而非。本章我们就要通过讲述一些似是而非的因果关系，以及两个著名的烧脑案例——辛普森悖论和三门问题，带你继续走进有趣的因果世界。

基于相关性的误判

在一篇耳熟能详的文言短文《两小儿辩日》中有如下记载：

孔子东游，见两小儿辩斗。问其故，一儿曰："我以日始出时去人近，而日中时远也。"一儿以日初出远，而日中时近也。

一儿曰："日初出大如车盖，及日中，则如盘盂，此不为远者小而近者大乎？"

一儿曰："日初出沧沧凉凉，及其日中如探汤，此不为近者热而远者凉乎？"

孔子不能决也。两小儿笑曰："孰为汝多知乎？"

这个让孔子也无法决断的争辩正是一个由似是而非的相关性引发的争论。一个孩子基于事物大小和其远近的相关关系，得出"日始出时去人近，而日中时远"的结论。另一个孩子基于事物温度和其远近的相关关系，得出"日初出远，而日中时近"的结论。孔子"不能决"的原因可能是他意识到了不管是大小与远近的关系，还是温度与远近的关系，在这里都不适用。但显然孔子也不确定如何来反驳孩子们的推论。我们当然不能怪两千多年前的孔子无法分辨这种似是而非的相关关系，因为即使在一百年前，人们都还没有真正建立起对因果关系的定义。

在因果关系被正式定义之前，人们首先发现的是相关关系。卡尔·皮尔逊（Karl Pearson）是相关性理论的奠基人之一，他对相关关系的普及以及统计学的发展作出了突出贡献，衡量相关性的重要指标之一——皮尔逊系数（Pearson Correlation Coefficient）就是以他的名字命名的。皮尔逊系数用一个介于 -1 到 1 之间的数字表达了两组数据之间的相关关系。对于一组数据 x_1，x_2，…，x_n 和另一组数据 y_1，y_2，…，y_n，皮尔逊系数的计算公式为：

$$r=\frac{\sum_{i=1}^{n}(x_i-\bar{x})(y_i-\bar{y})}{\sqrt{\sum_{i=1}^{n}(x_i-\bar{x})^2\sum_{i=1}^{n}(y_i-\bar{y})^2}}$$

这里$\bar{x}$和$\bar{y}$分别为两组数据的平均数。我们可以通过采样分析来找出两个变量之间的相关性，比如身高和体重的相关性、学历和收入的相关性、股价和房价的相关性等。相关关系是一个通俗易懂的概念，它是一个具体的统计结果，我们可以通过分析数据得到它。

相较之下，因果关系就没有相关关系那么容易定义了。对于有些相关关系，我们立即就可以确认因果关系的存在，比如你猛拍桌子，感到手很痛，那么拍桌子和手痛之间就是因果关系。但是对于诸如以下的其他一些相关关系，我们就不是那么容易判断是否存在因果关系：

● 小明感冒后吃了些感冒药，后来就发烧了，所以一定是感冒药有问题。

● 鲜花销售最多的时候，往往价格也最高，所以鲜花卖得越贵就能卖得越多。

● 英文能力好的同学都喜欢听英文歌，所以听英文歌对提升英文能力有帮助。

● 死刑判决越多，谋杀犯罪率越高，所以死刑对犯罪没有威慑作用。

你有没有被这些似是而非的相关关系“忽悠”到呢？上述的每一个例子中确实都可以观测到相关关系，但是却并不存在因果关系。

在现实中，有些情况下，相关关系极具迷惑性，我们一不小心就会误把相关关系当作因果关系，从而产生误判。以下是几个真实的事例。

事例一：在中世纪的欧洲，人们相信虱子对健康有好处。原因是人们发现在健康的人身上总是能够发现虱子，但是在生病的人身上却没有虱子。基于这个相关性，人们认为导致人得病的原因就是虱子的消失。后来的研究发现，虱子从生病的人身上离开的原因是虱子对温度极其敏感，当生病导致体温稍微上升时，虱子就会马上离开，所以生病和虱子消失之间就有了相关性。

事例二：《自然》杂志曾经发表了一篇引起社会各界广泛关注的文章，文章说到，如果婴儿睡觉的环境中有灯光，婴儿未来得近视眼的可能性将更高。这篇文章一度使很多家长不敢在宝宝睡觉的时候开灯。但是之后的研究表明，婴儿的视力和房间有灯光之间并没有因果关系。之前观测到的相关性，只是由于婴儿近视眼受到父母遗传的影响，而有近视眼的父母又更喜欢在婴儿睡觉后留灯，所以造成了婴儿近视眼和睡觉有灯光的相关关系。

事例三：很长一段时间内，激素替代疗法被广泛用来降低绝经后的女性患心血管疾病的风险，主要原因是，有研究发现，使用激素替代疗法的女性患冠心病的比例较低。但是后来的研究表明，激素替代疗法不仅不能降低患心血管疾病的风险，反而会增加女性患其他疾病的可能性。之前研究的错误可能是源于接受激素替代疗法的女性大都来自收入较高的家庭，这些女性在饮食和运动方面往往都更加注意，所以造成了激素替代疗法和患冠心病之间的相关性。

我们发现，这个世界充满了相关关系，有些相关关系可以代表因果关系，另一些相关关系并不能说明因果关系。因此，定义因果关系变得困难，皮尔逊时代的主流科学家们甚至拒绝将因果关系纳入科学研究的范畴。在他们看来，相关关系是具体的，可以从数据观测中得到，而因果关系只是一种特殊的相关关系。直到最近的半个世纪，因果关系的理论研究才有了实质性的突破，我们将在第三章和第四章中为大家展开介绍。在此之前，先介绍两个比上述这些似是而非的相关关系更加令人迷惑的悖论问题。

辛普森悖论

所谓悖论，就是看似荒唐的结论，但事实上却是正确的。悖论往往非常烧脑，用正向逻辑反而不容易想明白。本章我们就来介绍著名的辛普森悖论（Simpson's Paradox）。让我们通过了解烧脑的悖论来为之后深入学习因果推断做一个铺垫。

试想一下，如果有一版新教材在学校中展开试用，试用结束后我们在统计数据中发现，新教材在使用了一段时间后，同学们的整体考试及格率有所提升。正当大家对新教材的推广满怀期待时，有人仔细观察了实验结果，发现男同学的考试及格率不仅没有得到提升反而下降了，这让大家对推广新教材产生了犹豫。但是更令人意外的是，当大家好奇女同学的考试成绩有多大提升的时候，居然发现女同学的考试及格率也下降了（见表2-1）。这怎么可能呢？

表 2-1　新版教材试用模拟案例数据

	实验组（新教材）		对照组（老教材）	
	及格人数（比例）	不及格人数（比例）	及格人数（比例）	不及格人数（比例）
男同学	60（60%）	40（40%）	125（62.5%）	75（37.5%）
女同学	155（77.5%）	45（22.5%）	80（80%）	20（20%）
综合	215（71.7%）	85（28.3%）	205（68.3%）	95（31.7%）

反复观察统计数据，并没有发现计算错误。我们可以从表格中看到，男同学在使用新教材后的及格率为60%（60/100），比对照组的62.5%（125/200）低2.5个百分点；女同学在使用新教材后的及格率为77.5%（155/200），比对照组的80%（80/100）也低2.5个百分点。但是，在第三行“综合”计算中，使用新教材的实验组及格率为71.7%（215/300），而使用老教材的对照组仅为68.3%（205/300）。你觉得哪里出了问题呢？

让我们再来仔细观察一下这组数据。你可能已经注意到了，实验组和对照组中的男女同学比例并不相同。实验组中女同学是男同学数量的两倍，而对照组中恰好相反，男同学数量是女同学的两倍。另外我们还发现女同学的及格率总体高于男同学。我们知道及格率是一个比值，综合及格率的计算实质上是对男同学和女同学的及格率进行了加权平均。在实验组中，综合及格率有 2/3 的权重来自及格率较高的女同学，只有 1/3 的及格率来自及格率较低的男同学（$2/3 \times 77.5\% + 1/3 \times 60\% = 71.7\%$）；相反在对照组中，综合及格率只有 1/3 来自及格率较高的女同学，而 2/3 来自及格率较低的男同学（$1/3 \times 80\% + 2/3 \times 62.5\% = 68.3\%$）。所以，虽然男女实验组的及格率都低于对照组，但实验组的综合及格率反而高于对照组。这个模拟案例是辛普森悖论的一个典型体现。

那么问题来了。现在我们发现使用新版教材对男同学的成绩没有帮助，对女同学的成绩也没有帮助，但是对所有同学却有帮助，面对这个不可思议的分析结果，我们是否应该推广新版教材呢？你的答案是什么？

我们可以从数学的角度来解读一下辛普森悖论。在案例中，我们是根据一个比值来进行比较。当我们已知比值 $a_1/b_1 > c_1/d_1$ 以及 $a_2/b_2 > c_2/d_2$ 的时候，我们并不能直接得到比值 $(a_1+a_2)/(b_1+b_2)$ 和 $(c_1+c_2)/(d_1+d_2)$ 之间的关系。这就解释了为什么分组分析中的结论并不一定和综合计算中的结论相同。这个数学解释虽然直接，但对大多数人来说并不直观。想要直观地理解辛普森悖论，我们就要想明白样本权重在比值计算中所发挥的作用。

让我们来回顾一下什么是辛普森悖论。辛普森悖论指的是在同一组数据中，分组分析得出的结论和整体分析得出的结论恰恰相反的现象。辛普森悖论之所以著名，不仅因为它让无数人感到意外，还因为它在现实生活中出现的概率很高。典型的案例有1973年美国加州伯克利大学的招生数据，在全校学生中男生录取率远远高于女生，这个发现在当时引发了对女性性别歧视的轩然大波。但是之后经过调查了解，发现单看每一个学院，女生的录取率其实大多时候高于男生，事实上招生中并不存在性别歧视，只是辛普森悖论在“搞鬼”。我们将在第四章中继续对辛普森悖论进行进一步讨论，相信那时候你就可以完全破解它的奥秘了。

三门问题

三门问题（Monty Hall Problem）来自一个经典的美国综艺秀。在节目中你将面对三扇大门。其中一个门后有一辆崭新的轿车，另外两个门后分别是一只山羊（见图2-1）。首先你被要求选择其中一扇门，然后主持人在不打开这扇门的前提下，将在剩余的两扇门中删除一个错误选项（背后是山羊的门），然后再问你是要保持你之前的选择，还是要更改选择另一扇门。这里我想邀请你也来想一想，如果是你，你会怎么选择呢？

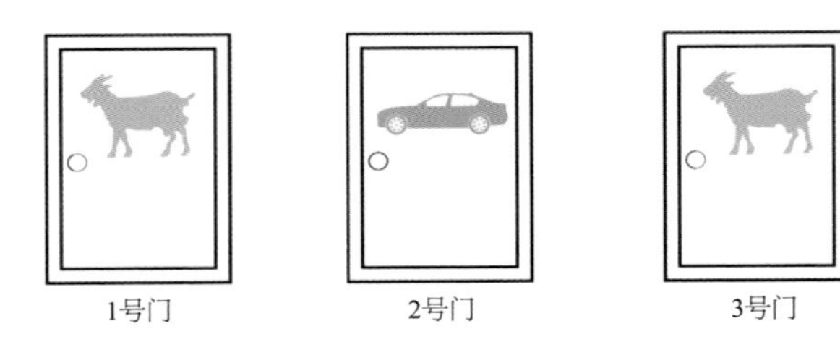

图2-1　三门问题

很多人直观地认为，因为刚开始的选择是随机的，所以不管改变与否，最后两个选择中获得轿车奖励的概率都是 1/2。但事实真的是这样吗？这个类似于脑筋急转弯的题目在当时的美国社会引起了广泛热议。人们发现，改变选择往往可以带来更大的收益。事实上，改变选择后，获得轿车奖励的概率是 2/3，而不改变获得奖励的概率只有 1/3。改变选择后的得奖概率是不改变选择的两倍！

那现在就让我们来尝试破解一下这个脑筋急转弯。你的选择是随机的，假设你选择了 1 号门，我们将你可能遇到的情况在下表中展示出来：如果有奖励的门是 1 号门，那么无论主持人去掉哪一个错误选项，你都不应该改变选择，否则你将错失奖励。如果有奖励的门是 2 号门或者 3 号门，那么你就应该选择改变，因为主持人会在你没有选择的那两扇门中为你去除一个错误选项。所以这里选择改变的得奖概率是 2/3，而选择不改变的得奖概率只有 1/3（见表 2-2）。

表 2-2 三门问题的选择分析

你的选择	有奖励的门	选择改变	选择不改变
1	1	失败	成功
1	2	成功	失败
1	3	成功	失败

如果上述这个分析你觉得不够有说服力，那请你假想一个有 100 扇门的场景，其中只有一扇门后有奖励，而主持人在你选择一扇门之后，会在剩余的 99 扇门中去除掉 98 个错误选项。在这种情况下，我想你很可能会选择改变最

初的选择。事实上，如果选择不改变的话，得奖的概率仅有1%，而选择改变后的得奖概率变成了99%。

现在我们知道了在三门问题中，选择改变是明智之举。但是到底什么原因增加了改变后的得奖概率呢？为什么我们凭直觉不能立即作出最优选择呢？也许你已经发现了，这个问题的关键在于主持人为你排除了错误选项。如果我们假设主持人并不知道哪扇门后面有奖励，而只是随机地选择去掉一扇门的话，这时候主持人有可能会将有奖励的那扇门去掉，那你会发现他的这个举动对我们的选择就没有意义——不论我们改变或者不改变之前的选择，得奖的概率都为1/3。而正是因为主持人知道哪一扇门后面有奖励，他的选择才提供了让我们获胜的关键信息。希望你喜欢这个有点烧脑的三门问题。我们将在第四章中回顾三门问题，到时候你将看到是主持人的举动让两个原本独立的事件之间产生了关联，因果关系图将会更加直接地解释这其中的奥秘。

以上我们讨论了一些似是而非的相关关系，以及烧脑的悖论。它们都非常具有迷惑性，这是因为它们有悖于我们的正向因果逻辑。当我们误把它们当成因果关系的时候，就会产生误判。但事实上因果关系并没有缺席，只是因为它隐含在背后，并不显然。我们在接下来的因果之道上需要继续探索如何找到因果关系，并且通过定量分析进行因果推断。

三 随机对照实验

究竟如何找到可靠的因果关系呢？本章我们就要着重介绍因果推断的黄金法则——随机对照实验。随机对照实验在科学决策中拥有极其重要的地位。我们首先介绍它的起源、原理和应用，其次通过一个模拟案例来为你展开随机对照实验的方法和步骤，最后总结其局限性。

什么是随机对照实验

之前我们了解到，因果关系在很长一段时间内都没有被清晰定义。人们观测到许多相关关系，但是对于找到确定性的因果关系却始终犹豫不决。接下来我们就来了解能够帮助我们找到因果关系的随机对照实验。

20世纪初期，统计学奠基人之一罗纳德·费希尔（Ronald Fisher）开始分享他在农业生产中进行随机对照实验的经验。费希尔的研究目标是证明农业化肥对庄稼生长的作用。假想你有一块实验田，有以下两个实验方案，你会选择哪一个来证明化肥对庄稼收成的功效呢？

实验一：将庄稼地分为东西两边，对东面的土地施肥，对西面的土地不施肥，然后观察庄稼的收成。

实验二：分两年来进行实验，第一年施肥，第二年不施肥，然后观察庄稼的收成。

事实上，无论哪一个实验方案都不能完全证明化肥对庄稼收成的影响。在实验一中，如果东边的土地收成比西边高，有人会质疑说，东边的土壤和光照条件本来就更好，而并不是化肥的效果。在实验二中，如果第一年的收成比第二年高，有人会质疑说，第一年的气候条件更利于庄稼生长，并不是化肥的效果。

我们还可以设计许多类似的对比实验，令人头疼的是，总是会有各种“其他”的因素影响到庄稼的收成，从而让我们无法纯粹地测量化肥对收成的影响。这些“其他”因素可能来自土壤、天气、灌溉、微生物等各个方面。你是否还记得，我们把这些可能影响实验结果的因素称为混淆变量。现在的问题是，用什么方法才能排除这些“其他”因素的干扰呢？

费希尔提出了他的方案：他将庄稼地分为网格状的小块，像棋盘一样，并且随机地选取一半数量的小块地施予肥料，另一半则不施肥，并且将所有施肥的小块土地定义为实验组，将所有没有施肥的小块土地定义为对照组。随机分配可以用抛硬币的方式决定，正面施肥，反面则不施肥。这时我们就会发现，由于抛掷硬币的结果是随机的，事先我们不知道分配的结果，每一小块土地都有相同的可能性被分配到实验组或对照组。因此，对于可能造成实验组和对照组不平衡的因素，例如土壤、天气、灌溉、微生物等，也就有相同的可能性对实验组和对照组造成影响，这就相当于这些因素的潜在影响被消化了。而正因为混淆变量的影响被随机分配机制消化了，我们可以认为实验组和对照组在各个方面的条件是相同的，唯一不同的是土地是否施了化肥，继而就可以通过比较实验组和对照组的结果得到施肥对庄稼生长的影响。费希尔使用这样的随机对照实验，不仅验证了化肥对庄稼生长的因果作用，而且也建立了一系列的统计学方法来量化随机对照实验的可信度。

随机分配的思想十分巧妙但也不难理解，不过当时的人们显然对这种随机分配的实验方法不以为然，有人将随机理解为随意，认为这样的分配方法不可能得出正确的结果。殊不知随机分配背后孕育着的统计学思想——随机分配的机制切割了所有潜在的混淆变量可能对实验干预因素的影响，使得实验的干预因素变成一个独立事件，以至于我们可以相信，实验组和对照组在除了实验干预因素以外的所有其他因素上都是相同的，从而让由因到果的关系凸显出来。样本的数量越大，实验组和对照组的一致性就越高，这就是随机对照试验的原理。接下来让我们继续进一步了解为什么随机对照实验被称为因果推断的黄金法则。

因果推断的黄金法则

进入20世纪后，随机对照实验逐渐被大众所接受并广泛应用于医疗、教育、科研、经济发展、公共秩序等几乎所有的社会生活领域。医疗机构用它来检验药物的作用；政府机构用它来评估新政策的影响；企业用它来测试新产品的受欢迎程度。随机对照实验的运用给科学决策带来了革命性的改变。

随机对照实验之所以被称为因果推断的黄金法则，是因为它是唯一能够提供可靠因果关系的实验方法。如果没有随机对照实验，为了排除所有混淆变量的干扰，我们就需要找到“所有”的混淆变量，但这几乎是不可能做到的。退一步说，即使我们将已知的因素都找到了，也还是无法排除那些未知的因素。比如，之前提到的关于吸烟导致肺癌的大争论，有些人认为致癌基因导致了某些人更容易得癌症，而不是吸烟的原因。但是，当时的技术手段根本无法确认致癌基因是否存在，所以这种观点在当时没办法被反驳。(事实上后来的医学研究证明确实存在致癌基因，只不过它的危害比吸烟小得多。)

下一章中我们将会提到，除了随机对照实验，我们还可以通过观测分析过往的数据来进行因果推断，但是基于观测分析数据的方法需要建立在更多的前提假设之上。比如，其中一个重要的假设就是我们已经找到了所有的混淆变量。假设的背后都有主观的价值判断，假设越多，得出的结果就越容易被质疑。随机对照实验不需要做这些假设。也因为随机对照实验的这个特质，它在很大程度上避免了“公说公有理，婆说婆有理”的不休争论。它好像一个仲裁者，在大家各执一词的时候提供了令人信服的科学依据。

当我们面临重大问题并需要谨慎地作出结论时，随机对照实验就成了不二之选。比如，在2020年新冠病毒席卷而来的时候，全球各大医疗科研机构争分夺秒，全力投入到了对新冠病毒疫苗的研发之中。你可能在新闻中听说过“病毒疫苗三期临床试验”这个术语，所谓“三期临床试验”就是一套世界公认的标准随机对照实验流程。在实验中，志愿者们被随机分配到实验组和对照组，实验组和对照组的志愿者都会被注射，只不过实验组的志愿者被注射的是疫苗试剂，而对照组的志愿者被注射的是无害的普通试剂。并且，考虑到志愿者如果得知自己注射试剂的信息，可能会影响到他们的行为和心态，我们不会告诉这些志愿者他们是被注射了疫苗试剂还是普通试剂。随机对照实验需要足够多的样本和足够长的观察时间才能得出有效的结论，这也是为什么疫苗研发测试周期较长的主要原因。在研发病毒疫苗这样人命关天的重大事件面前，我们不敢冒任何风险，随机对照实验是能够帮助我们作出有效决策的最科学的方法。

随机对照实验也被广泛应用于确立最优的解决方案。如果样本数量足够大，我们其实完全可以在实验中建立不止一个实验组，从而同时对多个干预因素产生的功效进行评估和比较。一个经典的案例是2008年美国总统奥巴马的竞选。奥巴马的竞选网站首页上就使用了多组随机对照实验的方法。通过测试多组不同图片和文字的组合，来找到让访问者注册成为奥巴马“粉丝”的最佳组合。在这个实验中，约30万的网站访问者被随机分配到24个图片和文字组合的其中一组中。实验的效果令人惊喜。奥巴马的竞选团队发现，奥巴马与家人的合照以及“Learn More”的文字按钮组合（见图3-1）使得注册转化率从对照组的8.26%上升到了11.6%——这超过40%的增长率为奥巴马的竞选额外增加了将近300万粉丝（Siroker, 2010）。这种通过随机分配访问者进入不同页面的方法如今在我们的互联网服务中已经无处不在。可以说从网购到外卖，从视频到游戏，你所看到的网站和手机APP大多数都是用随机对照实验方

图3-1　奥巴马与家人的合照加上Learn More的文字按钮组合成了奥巴马竞选网页的最优选择

法优化过的，并且当你每次访问它的时候，极有可能你又参与到了新的随机对照实验中。

随机对照实验是一个简单而强大的方法。当这个方法深入人心，成为人们进行决策的参考标准时，整个系统的决策效率将被大大提升。在药物和疫苗的研发中如此，在互联网企业产品的更迭中如此，在国家政策制定中也如此。比如，美国教育科学研究院支持建立的 What Works Clearinghouse (WWC) 就是一个专门展示在教育实践中使用实验研究方法得出结论的项目平台。在学科成绩、辍学预防、语言发展、数学发展、阅读写作、个人成长等教育分支领域，只要是使用科学实验方法得出结论的研究都在这个平台上公开展示。对于每一项研究，平台会显示研究的目的、性质、规模、适用人群以及实验的有效性和影响程度（见图 3-2）。任何一个普通的教育工作者，都可以在这个平台上查找自己感兴趣的内容，参考已有的研究成果，并结合到自己的工作中。

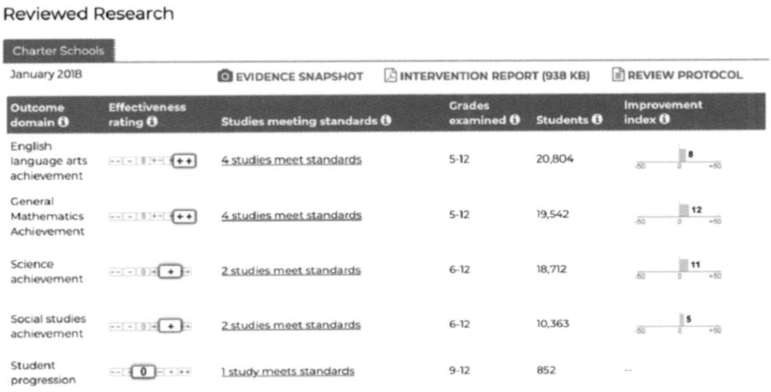

Reviewed Research

Charter Schools

January 2018　　EVIDENCE SNAPSHOT　　INTERVENTION REPORT (938 KB)　　REVIEW PROTOCOL

Outcome domain	Effectiveness rating	Studies meeting standards	Grades examined	Students	Improvement index
English language arts achievement	++	4 studies meet standards	5-12	20,804	8
General Mathematics Achievement	++	4 studies meet standards	5-12	19,542	12
Science achievement	+	2 studies meet standards	6-12	18,712	11
Social studies achievement	+	2 studies meet standards	6-12	10,363	5
Student progression	0	1 study meets standards	9-12	852	--

图 3-2　What Works Clearinghouse 教育研究实验平台

随机对照实验怎么做

了解了什么是随机对照实验，以及为什么它被称为因果推断的黄金准则，现在我们用一个假想的案例来继续深入探讨如何设计、实施并分析一个随机对照实验。

假设有人发明了一款“聪明饮料”，声称饮用它可以让孩子们变得更加聪明。这听起来像是个大发明，如果请你使用随机对照实验来测试这款“聪明饮料”是否真的有效，你会怎么做？

首先，你需要设计实验。以下几个因素是需要考虑的。

实验对象。任何实验都不可能拥有无穷多的实验对象。在选择实验对象时，需要记住，你的实验样本决定了实验结果的适用边界。这是什么意思呢？比如说在“聪明饮料”的实验中，如果你希望针对的是7—12岁上小学的孩子，那么你可以在不同小学选择一些学生来进行实验。但是如果你的实验样本都来自北上广这样的大城市，那你的实验结果也许就不能适用于在乡村读书的孩子。如果你想要扩大实验结果的适用性，就需要增加其他地区的实验样本。所以你必须根据需要选择适用的人群作为你的实验对象。

实验假设。在实验中我们通常会建立基本假设。比如说，在“聪明饮料”的实验中，通常的基本假设是，饮用“聪明饮料”不会使实验组和对照组同学的聪明程度产生差别；与之相对的假设就是两组同学的聪明程度在实验后有了明显的差别。明确阐述你的实验假设是之后进行统计分析的基础。

评估指标。评估指标是你希望测量的结果。“聪明饮料”的评估指标是什么呢？这不是一个很容易回答的问题，因为“聪明”的定义很难量化统一。它可以是智商测试的分数，也可以是孩子在标准化考试中的成绩，又或者是孩子表现出的模仿、记忆、计算、运动等方面的能力。在实践中，我们经常需要设立多元的评估指标。需要记住的是，评估指标必须是可量化的。

实验样本数量。实验样本量越大，我们对实验结果的估计就会越有把握。举个例子，如果你的实验组和对照组都各只有三名同学，实验组的同学评测分数为 85、87、89，对照组的同学评测分数为 80、85、90，虽然实验组的平均分 87 高于对照组的平均分 85，但是我们不会就此下结论认为“聪明饮料”非常有效，因为样本太少了。但如果你的实验组和对照组都各有 1000 名同学，实验组的同学测评分数都分布在 [85,90] 这个区间内，对照组的同学测评分数则都分布在 [80,90] 这个区间内，那么此时我们就很有希望在统计意义上得出实验组的分数高于对照组的结论，即“聪明饮料”确实有一定的效果。这是因为更大的样本量使得我们对平均分的估计更加准确，从而能够让我们更容易地分清实验组和对照组平均分的差异。所以说，足够的样本数据量是保障我们可以有效探测到实验效果的重要因素。具体所需样本数量可以通过统计功效分析（Statistical Power Analysis）计算得出。直观来说，统计功效分析需要考虑：（1）实验组和对照组之间的最小差异；（2）评估指标本身的波动性；（3）你定义的实验精度参数（弃真率和取伪率）等。感兴趣的读者，可以进一步学习统计功效分析的有关知识。

以上是你在设计实验时需要考虑的几个因素，在实验设计完毕之后，你就可以开始实施实验了。实施随机对照实验的关键在于，保证实验组和对照组之间除了实验干预的因素以外其他特征都是一致的。所以在实际操作中，你需要格外注意以下几种情况。

避免随机取样选择偏差。假设你的实验对象有10个班级，每个班级有40名学生。如果你随机选择5个班级的学生作为实验组，另5个班级作为对照组，那这样的分配很可能导致结果偏差。这是因为同一个班级的学生有很多共同的特征，比如他们都由相同的老师授课。所以更好的分配方法是从总共400名学生中随机选取200名作为实验组，另外200名作为对照组。这样实验组和对照组就具有了比较好的同质性，避免了选择造成的样本偏差。

避免引入干扰因素。在实验操作中，有时我们会由于不小心而引入不必要的干扰因素。比如在“聪明饮料”的实验中，如果你每天给实验组的学生发放一瓶饮料，而不给对照组的同学发放，那你就引入了“心理暗示”这个新的干扰因素：得到饮料的实验组同学可能会问“喝了这一瓶饮料会不会就变聪明了？”而没有得到饮料的对照组的同学可能会问“为什么我没有得到饮料呢？”这种心理暗示可能导致实验组和对照组的同学的行动产生差异，从而破坏了实验组和对照组样本的一致性。那么应该如何避免让实验对象产生这种心理暗示呢？我们应该给所有学生都发放饮料，而且"聪明饮料"和普通饮料看上去是一样的，所以学生们并不知道自己在进行"聪明饮料"的实验，更不知道自己属于实验组还是对照组。为了进一步避免实验操作的影响，我们还应该保证"双盲"，也就是不仅学生们不知道实验的情况，老师、家长、记录员等相关的实验协助者也都不知道哪些学生属于实验组，哪些学生属于对照组。这样就会更好地排除可能对实验造成影响的干扰因素。

避免干预执行误差。在实际的实验过程中，有时会出现各种情况，从而导致实验的有效性大打折扣。比如在"聪明饮料"的实验中，如果有很多学生并没有喝发给他们的饮料，或者有的同学喝得多，有的喝得少，这就会直接影响实验干预的效果。所以，也许你需要建立一个机制来确认干预的效果，比如回收喝完的饮料瓶。并且，你应该在之后分析结果的时候考虑校正实验执行中所产生的误差。

最后，你需要使用统计方法来分析实验的结果。根据数据形式的不同以及研究的需要，有很多统计方法可以用来分析实验结果。这里我们介绍其中一种常见的方法——*T* 检验（*T*-test）。*T* 检验是一个检测两组数据真实平均值差异的统计分析方法。我们假设"聪明饮料"的评估指标是智商测试分数。我们在实验组和对照组的样本中分别得到了同学们的评测结果并用直方图的形式将它们记录下来（见图 3-3）。你可以发现，实验组和对照组的分数都接近于正态分布，这也是我们在研究中最经常遇到的情况。当分数分布接近于正太分布时，说明有人考得比平均成绩好，也有人比平均成绩差，但离平均成绩越近的区间，人数就越多。假设实验组有 n 位同学，平均分为 $\bar{x}_1$，对照组也有 n 位同学，平均分为 $\bar{x}_2$，我们可以用以下公式计算得到 t 指标：$t=\frac{\bar{x}_1-\bar{x}_2}{S\sqrt{\frac{1}{2n}}}$。$t$ 指标越大，表明实验组和对照组之间的差异越大。在公式中，分子是实验组和对照组平均成绩的差值 $\bar{x}_1-\bar{x}_2$。分母则包含了数据样本的方差 S 和 $\sqrt{\frac{1}{2n}}$：样本方差 S 代表了数据本身的不确定性，样本方差越小，我们可以认为观测的可信度就越高；整体数据样本数量 $2n$ 越大，$\sqrt{\frac{1}{2n}}$ 就越小，实验的可信度也会随之增加。综上来看，当 t 指标越大时，就表明实验组和对照组数据的差异越大。另外也可以从直观上来看，当图中的两组分布相距越远，重叠部分越少的时候，我们就越愿意相信两组数据之间有着显著的差异。

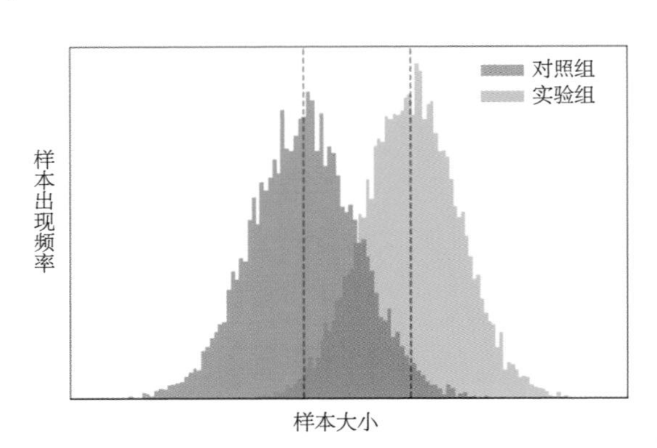

图 3-3　实验组与对照组样本分布

以上我们介绍了一些设计、实施和分析一个随机对照实验时需要考虑的问题。不过这些还仅仅是冰山一角，在不同领域针对不同数据集时，我们的实验步骤和方法都会有所不同。万变不离其宗的是，为了得到可靠的因果推断，我们一定要尽量保证实验组和对照组除了实验干预因素以外的所有因素的一致性。

随机对照实验的局限性

尽管随机对照实验是找到因果关系的黄金法则，但它却远远不是万能的。在实际中，有许多情况根本无法进行随机对照实验。

首先，道德方面的原因。比如，我们希望研究吸烟对健康的危害，如果进行实验，我们将需要要求一部分实验对象吸食香烟。但这是不现实的，因为这样做会对实验对象造成危害。又比如，我们希望研究工作上的晋升对身体健康状态的影响，如果进行实验，我们需要控制一部分实验对象得到晋升。这也是不现实的，因为我们无法为了科学实验来强制改变一个公司的人事决定。

其次，成本方面的原因。比如在研究火箭制造的过程中，我们不可能做到对不同的工程设计真的发射“实验”火箭和“对照”火箭，在这种情况下工程师们通常会使用仿真模拟方法在计算机中进行演算。只要模拟的环境足够逼真，我们在模拟的环境中也能够进行因果推断。在现实中进行实验的成本是一个无法回避的关键因素。成本不仅包括金钱，还有时间等。所以在设计实验的步骤中，我们精确计算实验所需要的样本数量，也是希望在达到实验精度要求的前提下尽量节约成本。

最后，有些因果关系出于不可抗的原因而无法通过实验得到。比如，考古学家不论如何也不可能让古生物标本复活来进行随机对照实验，传染病学家也只能从历史的数据中去研究新冠病毒对社会产生的影响，等等。又比如，即使想研究性别对职场发展的影响，我们也不可能去随机改变一个人的性别。事实上，有太多我们感兴趣的干预因素其实是无法被影响的。

综上，我们了解到，因为道德、成本和不可抗等各种因素，随机对照实验在许多情况下是无法进行的。不过即使无法进行随机对照实验，我们也并非无计可施。在下一章中，我们将了解如何通过观测分析过往的自然数据来进行因果推断。事实上，如果我们仅仅使用实验的方法来进行因果推断，我们将把世界上绝大多数的数据束之高阁，从而错失从有效数据中去探索和理解这个世界的大好机会。

四　基于观测数据进行因果推断

本章我们将介绍现代因果推断理论的一些基础知识。即使并不从事科学研究，学习一些因果推断的知识也会对我们在生活中明辨是非、理性分析有很大的帮助。我们将通过直观的因果关系图和具体的案例来进行分析和讲解。希望通过本章的讲解，你不仅能够对重要的概念——例如混淆变量和对撞变量——形成直观清晰的认知，并且能够对在实践中如何识别它们、如何通过数学统计方法排除它们的干扰也有一些初步的了解。

因果关系图

上一章中我们介绍了如何用随机对照实验来得到因果关系。但是由于道德、成本或者其他不可抗的因素，随机对照实验在很多时候并不适用。然而，我们并非无计可施，这一章中我们就来说一说如何基于历史观测数据来进行因果推断。

本节我们首先要来了解一下因果关系图。因果关系图是一个用来表达因果关系假设的工具，它非常简洁，但往往包含了很大的信息量。因果关系图由点和箭头构成，点代表变量，箭头代表变量之间的关系。点和箭头表达了潜在的因果关系假设，比如 X 指向 Y 的箭头代表了变量 X 潜在会对变量 Y 造成影响（见图 4－1）。

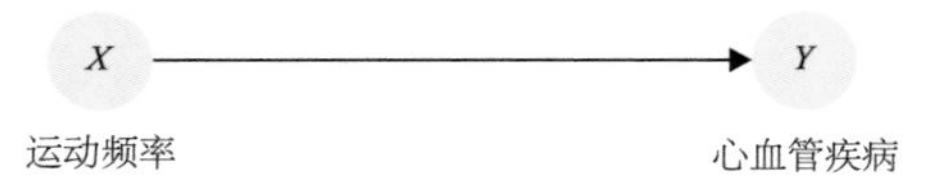

图 4－1　X 对 Y 造成影响

如果我们想要研究经常运动对防治心血管疾病的作用，那就可以让 X 代表运动的频率，Y 代表是否患有心血管疾病。我们还可以继续加入其他的因素。如果想要表达运动是通过缓解三高（高血压、高血糖、高血脂）风险来对心血管疾病产生有效防治效果的话，那我们可以在 X 与 Y 之间加上新的变量三高指标（W）（见图 4－2）。

图 4－2　X 通过 W 对 Y 造成影响

如果我们认为影响运动频率的重要因素与平时是否养成了运动习惯有关，那我们还可以加入新的变量运动习惯（Z），并让其指向运动频率（X）（见图 4－3）。

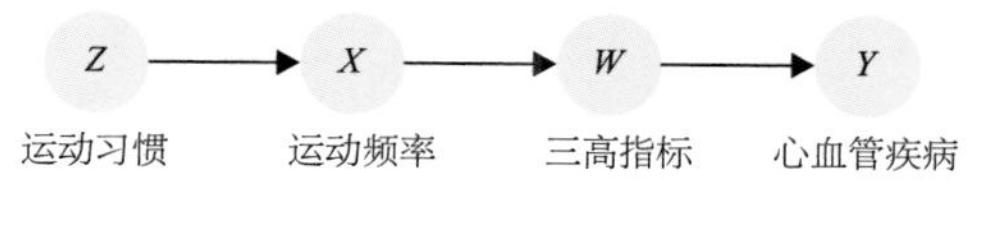

图 4-3 Z 通过 X 与 W 对 Y 造成影响

另外，我们可能无法忽略年龄这个因素。因为年龄越大，患心血管疾病的可能性会更高。同时，我们可能发现年龄和运动频率以及三高指标也都有关系，所以变量年龄（A）是一个同时影响运动频率（X）、三高指标（W）和心血管疾病（Y）的重要因素（见图 4-4）。

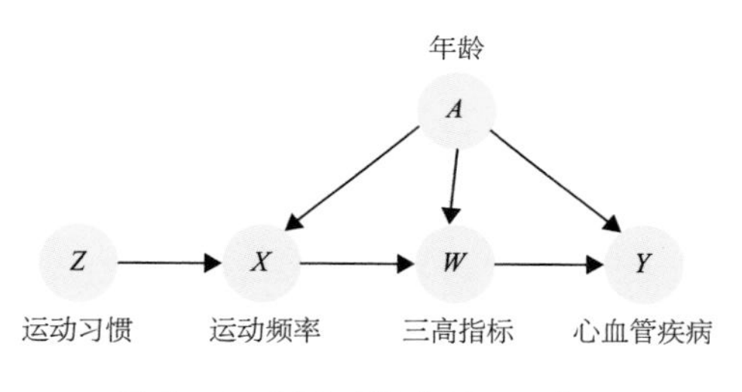

图 4-4 A 同时影响 X、W 与 Y

在因果关系图中，箭头的方向代表着因果关系推论的方向，比如年龄（A）指向运动频率（X），就代表随着年龄的变化人们运动的频率也会有所不同。那些没有画出的箭头其实往往隐含着更多的信息，比如年龄（A）和运动习惯（Z）之间没有箭头，这表明在我们的假设中，年龄（A）和是否养成了运动习惯（Z）之间并没有直接的关联。

因果关系图很容易理解，描绘因果关系图的关键在于是否能够对问题的因果关系背景假设进行准确的表达。虽然只是简单的点和箭头，但往往需要经过仔细推敲。最后请记住，因果关系图是一个你可以用来表达因果关系假设的有效工具，但它并不能代替你去假设因果关系。好了，现在让我们带着因果关系图继续对因果世界的探索吧。

混淆变量

有一个经常引起热烈讨论的相关关系：每当冰淇淋销量上升的时候，犯罪事件发生率也更高。这是一个让人意外的结论。难道说吃冰淇淋会更容易让人犯罪吗？还是反过来，犯罪分子在作案之后会奖励自己吃冰淇淋？这两种推论听起来都十分荒谬。如果你是警察，我想你也不会为了降低犯罪率而禁止商铺卖冰淇淋的。事实上，冰淇淋销量和犯罪事件发生率之间并不存在任何因果关系，这是一个典型的由混淆变量造成的伪相关关系。混淆变量我们并不陌生，它通过同时影响因变量 X 和果变量 Y，让我们误以为 X 和 Y 之间有相关关系。这个例子中，混淆变量就是气温。气温同时影响了冰淇淋的销量和犯罪事件的发生：当天气暖和的时候，人们更喜欢在室外活动，犯罪分子的可乘之机也更多；反之，当天气寒冷，人们都待在家里时，犯罪事件的发生率也会降低。与此同时，天气越热，人们越想吃冰淇淋；反之，天气冷时冰淇淋销量就会下降。所以，冰淇淋销量（X）和犯罪事件发生率（Y）之间其实并没有直接联系，只是由于混淆变量气温（A）的影响造成了它们之间的伪相关关系。我们可以使用因果关系图将这三者之间的关系表示出来（见图 4-5）。

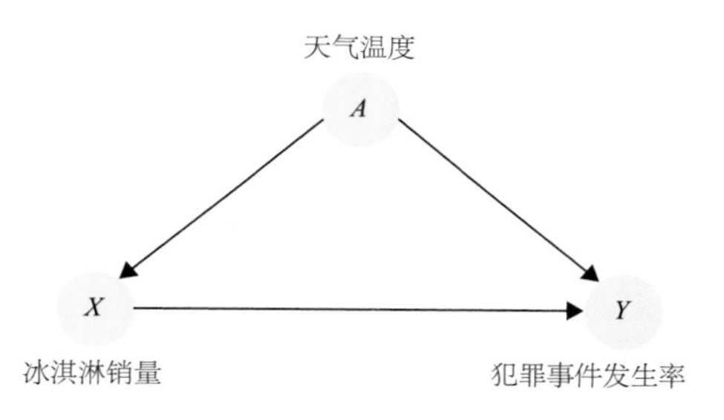

图 4-5 天气温度（A）是冰淇淋销量（X）与犯罪事件发生率（Y）关系中的混淆变量

混淆变量是因果推断中最主要的干扰因素，找到混淆变量是我们找到准确的因果关系的关键步骤。以下是几个类似的混淆变量干扰因果推断的经典案例。

案例一：鲜花价格升高时，鲜花销量往往也升高了。难道提升鲜花的价格就可以促进销售吗？当然没那么简单。这里的混淆变量是特殊节日，比如情人节、母亲节、教师节等。每当特殊节日来临，鲜花市场就会供不应求，价格当然也会随之上涨。因此，鲜花价格（X）和鲜花销量（Y）同时被混淆变量特殊节日（A）所影响，我们才会发现它们之间有同升同降的关系。

案例二：互联网公司的数据科学家希望了解网页上品牌广告对该品牌商品被搜索量的提升作用。可是他们发现，看见品牌广告（X）和商品被搜索量（Y）同时被混淆变量网民活跃性（A）所影响。网民活跃性之所以成为混淆变量，是因为活跃的网民不仅更容易看见品牌广告，也更有可能在没有看见品牌广告的情况下主动搜索商品。如果忽略网民活跃性的干扰，而单纯地观察看见品牌广告和该品牌被搜索量的话，那就会极大地夸大品牌广告的效果[①]（Lewis et al., 2011）。

案例三：在吸烟导致癌症的世纪大争论的案例中，我们希望研究吸烟对患癌症的潜在影响。来自反驳者的质疑之一是可能存在致癌基因，他们认为拥有致癌基因的人不仅更容易患癌症，而且更容易吸烟上瘾。沿用上面的因果关系图就可以来表达反驳者们的观点，他们认为吸烟（X）和患癌症（Y）之间的相关关系是由混淆变量致癌基因（A）引起的，而不是吸烟（X）会导致癌症（Y）。

想要得到真实的因果关系推论，就需要控制混淆变量。在控制了混淆变量之后，我们就可以排除因变量 X 对果变量 Y 的一部分不真实的影响。在上面三个例子中，控制混淆变量可以帮助我们了解鲜花价格和销量之间的真实关系、广告的真实作用以及吸烟是否真的会导致癌症。

接下来，我们要用混淆变量的概念来解读一下随机对照实验。你将会看到，随机对照实验之所以能成为因果推断的黄金法则，主要就是因为它成功排除了混淆变量的干扰。让我们回到费希尔的化肥实验来说明这个问题。

费希尔化肥实验的目的是证明化肥对庄稼生长的作用。首先，如果我们不进行随机对照实验，而是简单地对东半边的土地施肥，而西半边的土地保持原样，那我们可以用以下因果关系图来表达变量之间的关系（见图 4–6）。

---

① 在不排除混淆变量干扰的情况下，品牌广告的作用表现为投放品牌广告导致人均搜索量提高了 1198%；但是品牌广告的真实效果是，品牌广告导致网民搜索相关商品的倾向仅增加了 5.4%。

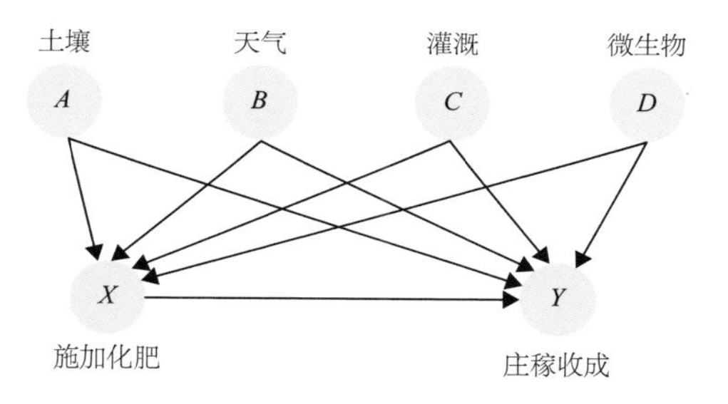

图 4-6 土壤（A）、天气（B）、灌溉（C）与微生物（D）都是施加化肥（X）与庄稼收成（Y）关系中的混淆变量

我们来解读一下这个看起来有些复杂的因果关系结构。我们希望研究的是施加化肥（X）与否对庄稼收成（Y）好坏的影响，另外有四个变量，分别为土壤（A）、天气（B）、灌溉（C）和微生物（D）。首先，变量 A、B、C、D 都是与庄稼收成（Y）有相关关系的因素。其次，变量 A、B、C、D 同时也都与施加化肥（X）有潜在的相关关系。对于这个潜在的相关关系，我们可以这样理解：就拿土壤（A）条件来说，我知道土壤的情况在东半边和西半边可能是不同的，不妨假设东半边的土壤条件优于西半边，那当我们选择了对东半边土地进行施肥的时候，就相当于选择了更好的土壤条件进行施肥，所以土壤（A）条件就与施加化肥（X）之间就产生了相关性。同样的道理，变量 B、C、D 都因为在东半边和西半边可能分布不均而与施加化肥（X）存在潜在的相关关系，这些相关关系在因果关系图中被箭头标示了出来。之所以箭头由 A、B、C、D 指向 X 和 Y，而不是反过来由 X 和 Y 指向 A、B、C、D，是因为土壤（A）、天气（B）、灌溉（C）、微生物（D）这些都是客观条件，不会受到施加化肥（X）和庄稼收成（Y）的影响。所以，在这个例子中，我们的因果关系假设就是，

变量 A、B、C、D 会同时对 X 和 Y 造成影响。

基于以上分析，我们知道了变量 A、B、C、D 都是混淆变量，为了找出 X 与 Y 的因果关系，我们就需要控制住这些混淆变量的影响。接下来让我们联系因果关系图具体回顾一下费希尔是如何利用随机对照实验做到这一点的。首先土地被分成小块，其次它们被随机地分配到实验组和对照组中，我们选择对归入实验组的小块进行施肥，对照组则不施肥。在随机对照实验中，对于每一小块土地，是否被施加化肥（X）是完全由随机分配机制决定的，也就是说有 50% 的概率它会被施肥，也有 50% 的概率它不会被施肥，是否会被施肥（X）将不再受到土壤（A）、天气（B）、灌溉（C）、微生物（D）等变量的影响。这个随机对照实验的效果可以使用如下因果关系图（见图 4-7）来表示。

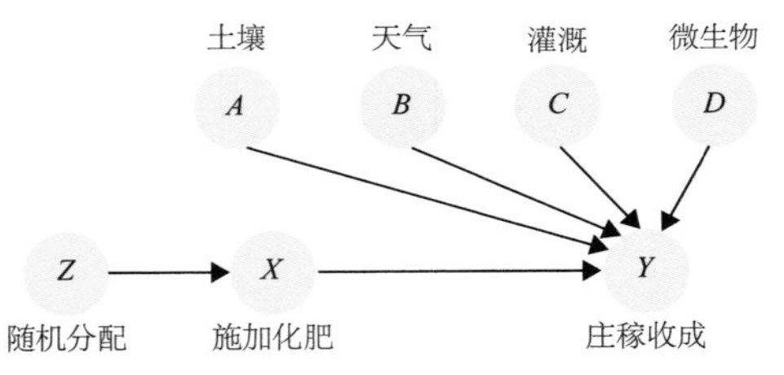

图 4-7　由于随机分配，土壤（A）、天气（B）、灌溉（C）与微生物（D）不再对施加化肥（A）造成影响，仅影响庄稼收成（Y）

可以看到，之前从混淆变量 A、B、C、D 指向 X 的箭头都被移除了，这表明在随机对照实验中，土地是否被施加化肥（X）仅仅取决于随机分配机制（Z），而不会被混淆变量 A、B、C、D 所影响。因此，我们就可以通过比较实验组和对照组的表现，来推断施加化肥（X）对庄稼收成（Y）的影响，因为施加化肥（X）是实验组和对照组之间唯一不同的变量。

以上就是随机对照实验的成功之道。概括来说，当有混淆变量 A 存在时，因变量 X 和果变量 Y 的相关性就不能准确代表其因果关系。混淆变量 A 同时影响了 X 和 Y，从而制造了 X 与 Y 之间的伪相关性。而我们需要做的，就是“阻断”混淆变量 A 制造的这层伪相关性。随机对照实验成功地将实验干预因素 X 与混淆变量 A 进行了切割，从而“阻断”了 A 的影响，使原因 X 直接对结果 Y 负责。

最后，你可能会有一个疑问，在处理实际问题的时候，混淆变量可能会有很多，那么如何找到所有的混淆变量呢？第一，在随机对照实验中，我们不需要去担心混淆变量的问题，因为不论有多少混淆变量，都会被随机分配机制排除。第二，在基于历史数据观测的因果推断中，理论上我们需要仔细找出所有重要的混淆变量。不过在解决实际问题时，事实上我们并不可能找到所有的混淆变量。通常的做法是，依靠自己和专家的经验以及相关的参考文献来罗列出最重要的潜在混淆变量，而忽略那些不重要的混淆变量。所以，如果你的因果关系假设中缺失了关键的混淆变量，或者无法直接测量重要的混淆变量，那你就很难得到准确的因果推断结果。

现在我们已经了解了混淆变量的危害以及预防办法，但是我们还没有讨论如何在基于观测数据的分析中排除混淆变量的干扰。能够控制混淆变量的方法有很多，接下来的内容将为你介绍三种基础的方法，它们是分层法、回归法和匹配法。

去除混淆（一）：分层法

首先，本节将介绍可以在观测分析中控制混淆变量的第一种方法——分层法。本节将简化之前运动频率和心血管疾病的案例来介绍这个方法。首先我们画出运动频率（X）、心血管疾病（Y）和年龄（A）之间的因果关系图（见图 4-8）。

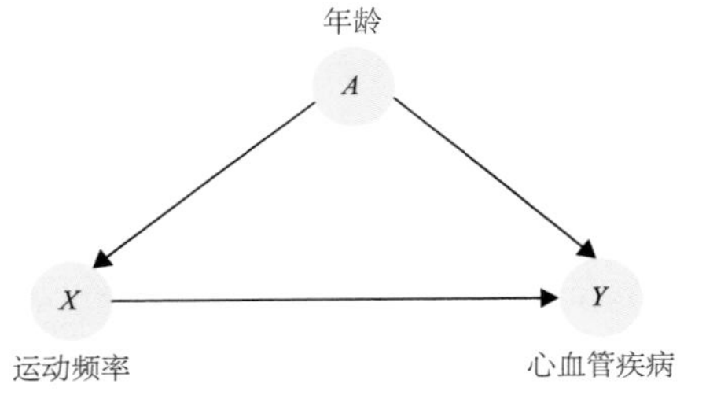

图 4-8　年龄（A）是运动频率（X）与心血管疾病（Y）关系中的混淆变量

我们简单将运动频率（X）划分为“经常运动”和“不经常运动”两种情况，将心血管疾病（Y）划分为“患病”和“未患病”两种结果，将混淆变量年龄（A）划分为“青年”“中年”“老年”三个类别。表 4-1 是我们模拟的样本数据。

表 4-1　运动频率与心血管疾病模拟案例统计数据

	经常运动			不经常运动		
	患病	未患病	总人数	患病	未患病	总人数
青年	1（5%）	19（95%）	20	10（10%）	90（90%）	100
中年	5（12.5%）	35（87.5%）	40	15（18.7%）	65（81.3%）	80
老年	10（16.7%）	50（83.3%）	60	20（33.3%）	40（66.7%）	60
综合	16（13.3%）	104（86.7%）	120	45（18.7%）	195（81.3%）	240

在这组模拟样本数据中，我们可以发现年龄（A）与运动频率（X）和心血管疾病（Y）都有一定的相关性：当年龄越大，经常运动的人比例会更高；年龄越大，患心血管疾病的概率也越高。

如果我们直接观测综合样本中运动频率（X）与心血管疾病（Y）的关系，可以看到在经常运动的人群中，患病的概率为 16/120=13.3%，而在不经常运动的人群中，患病的概率为 45/240=18.8%，也就是说经常运动可以有效减小约 5.5% 的患心血管疾病的概率。

可是，这个结论可靠吗？由于我们并没有排除混淆变量的干扰，这里整体观测的结果并不能够准确反映运动频率（X）和心血管疾病（Y）之间真实的因果关系。我们需要做的是“分而治之”——在每一个年龄段的组别中进行观测。具体而言如下：

- 在青年组中，经常运动的人的患病概率是 1/20=5%，而不经常运动的人的患病概率是 10/100=10%；
- 在中年组中，经常运动的人的患病概率是 5/40=12.5%，而不经常运动的人的患病概率是 15/80=18.8%；
- 在老年组中，经常运动的人患病概率是 10/60=16.7%，而不经常运动的人患病概率是 20/60=33.3%。

所以在分组观测中，我们发现经常运动的效果十分显著（特别是老年组），患病概率对应的下降百分比分别为青年组 5%，中年组 6.3%，老年组 16.6%。我们将三组的结果根据每组的样本数量加权平均，就可以得到运动频率（X）与心血管疾病（Y）的因果关系。在这个例子中，三组的样本数量恰好都是120人，所以最终的X对Y的因果关系为（5%+6.3%+16.6%）/3=9.3%。这就是在去除了混淆变量干扰之后的因果推断结果，明显比之前得到的5.5%高了不少。

那么你可能会问，为什么“分而治之”可以排除混淆变量的干扰呢？我们根据混淆变量年龄（A）的取值将数据分为青年、中年、老年三组。在每组中，由于混淆变量A的取值是固定的，所以它对运动频率（X）和心血管疾病（Y）而言就不再构成相关关系，因为无论X和Y如何变化，A都不会变化。也就是说，A被控制住了，它对于X和Y的潜在影响被排除了。在混淆变量的影响被排除后，就只剩下X和Y之间的关系，此时我们就可以将X和Y的相关关系理解为X与Y的因果关系。所谓“分层法”，就是根据混淆变量A的取值将样本数据进行分层，在每一层中固定混淆变量的取值，以致它对因变量X和果变量Y的潜在影响被排除。

分层法运用“分而治之”的思想有效排除了混淆变量的干扰。为了加深印象，我们再来看一下鲜花价格和鲜花销量的例子。如果只是简单地观察鲜花价格（X）和鲜花销量（Y）的相关性，我们发现鲜花价格越高时，其销量也越高（见图4-9）。乍一听这很奇怪，但细想一下并不难理解，这里的混淆变量是特殊节日，因为节日里大家对鲜花的需求增大，所以刺激了鲜花的价格和销量。如果使用分层法，我们可以将数据分为两组，第一组仅包含特殊节日（比如情人节、母亲节、教师节等）期间的数据（图4-9中橙色点)，另一组包含剩下的数据，即非特殊节日期间的数据（图 4-9 中蓝色点)，然后对于各组内的数据再次观察价格和销量之间的关系。这时就会发现，虽然相对于第二组，在第一组的数据中，价格和销量都整体偏高，但是在组内，价格和销量之间的相关关系却消失了。同样地，价格和销量在第二组的数据组中也没有相关关系。

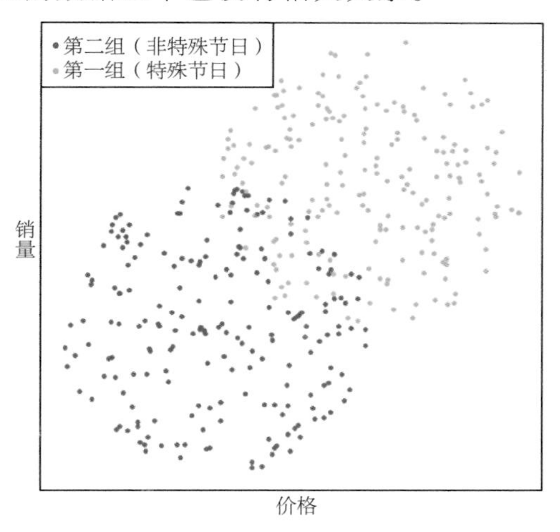

图 4-9　鲜花价格与销量示意图

分层法也有它的局限性。最明显的就是，使用分层法时一般分组不宜过多。比如在运动频率和心血管疾病这个案例中，我们将混淆变量年龄分为了青年、中年、老年三组。你可能会问，如何定义青年、中年、老年呢？不同的定义会不会导致分析结果的变化呢？事实上，如果我们希望将年龄进一步细分，我们需要分更多的组。想象一下，如果我们考虑 21—90 岁的取值区间，然后将每一岁都分为一组，那我们就可以将数据分为 70 组，这样的分组会使得数据分析变得非常烦冗。

另外，如果混淆变量很多，使用分层法的复杂度就会大幅上升。比如在实际的医学研究中，我们需要控制的混淆变量不仅仅只是年龄，可能还会有血压、体重、吸烟习惯、遗传病史、高危职业等。当有许多混淆变量存在的时候，如果使用分层法我们就需要考虑各种混淆变量取值的排列组合，那需要考虑的情况就太多了。这种情况下，我们并不推荐使用分层法，因为它的效率很低。我们还需要更高效的方法来进行因果推断。

去除混淆（二）：回归法

接下来要介绍的是在观测分析中十分常用的第二种方法——回归法。如果你对统计学有一些了解，就应该对回归模型不陌生。回归模型可以用来描述变量之间的关系。在运动频率与心血管疾病的因果关系的案例中，我们可以将这个问题用以下公式描述出来：

$$Y=\theta+\alpha X+\beta_1 A_1+\beta_2 A_2$$

这里的 Y 指代是否患上心血管疾病，X 指代是否经常运动，A_1 指代是否为中年人，A_2 指代是否为老年人。根据这个模型，变量之间的关系就一目了然了。它告诉我们，经常运动（$X=1$）对患上心血管疾病的作用为 α，而人到中年 ($A_1=1$) 对心血管疾病的影响为 β_1，人到老年（$A_2=1$）则对心血管疾病的影响为 β_2，另外 θ 为截距，代表不经常运动（$X=0$）的青年人（$A_1=0$，$A_2=0$）患心血管疾病的概率。

求解回归模型的过程中，我们希望找到最合适的系数（如 θ，α，β），以便让表达式 $\theta+\alpha X+\beta_1 A_1+\beta_2 A_2$ 成为最能够表达 Y 的模型。求解回归模型的方法并不是我们本书讨论的重点，请读者自行查阅相关资料进行了解。

回归模型为什么能够控制混淆变量的影响呢？在回归模型中，果变量 Y 被表达为因变量 X 和混淆变量 A 影响的叠加，这相当于将不同因素对 Y 的影响拆解了开来，以便我们可以很轻松地将混淆变量 A 对 Y 的影响的那一部分（以上公式中的 $\beta_1 A_1+\beta_2 A_2$ 部分）排除出去，从而仅仅关注 X 对 Y 的影响（以上公式中的 αX 部分）。并且，X 对 Y 的影响程度可以用因变量 X 对应的系数 α 直接表达出来。

对于数据中的每一个样本个体，我们都可以将其对应的情况用（Y, X, A_1, A_2）进行唯一表达。比如，对于未患疾病且经常运动的青年人，我们可以表达为（Y=0, X=1, A_1=0, A_2=0）；对于患有疾病且不经常运动的中年人，我们可以表达为（Y=1, X=0, A_1=1, A_2=0）；等等。对表 4-1 中的 360 个模拟样本使用上述线性回归模型进行求解，我们可以得到表 4-2。

表 4-2　运动频率与心血管疾病案例线性回归结果

	系数	标准差	p 值	95% 下限	95% 上限
截距	0.1087	0.0344	0.0017	0.0410	0.1764
X	−0.1023	0.0431	0.0181	−0.1869	−0.0176
A_1	0.0920	0.0481	0.0566	−0.0026	0.1867
A_2	0.1924	0.0497	0.0001	0.0947	0.2902

对于我们来说，这里最重要的结果就是第一列的“系数”。变量 X 的系数为 -0.1023，这表明经常运动有助于减少约 10% 患心血管疾病的可能性，这个结果和我们前一章分析得到的 9.3% 十分接近。与此同时，我们还可以得到 A_1 的系数为 0.092，以及 A_2 的系数为 0.192，这说明人到中年和人到老年患心血管疾病的概率分别增加 9.2% 和 19.2%。这是我们在使用分层法时并没有得到的结论。所以回归模型不仅可以告诉我们因变量 X 和果变量 Y 之间的因果关系，而且还同时量化了混淆变量 A 对果变量 Y 的影响。

在线性回归的结果中我们还可以观察系数的“标准差”，系数的“置信区间”（95% 下限和 95% 上限）和可信度指数“p 值”。这些都是对“系数”估计的补充。“标准差”表示系数估计的波动性，“标准差”越大说明“系数”估计存在的误差就越大；“置信区间”是根据“标准差”计算得到的，它表示真实“系数”存在的区间范围，比如表 4-2 中，对于变量 X 的系数而言，我们可以认为有 95% 的可能性真实系数落于 -18.69% 到 -1.76% 之间；“p 值”则是对“系数”估计的一个重要确认，是统计分析中经常出现的概念。“p 值”代表了你找到因果关系的证据，“p 值”越小，证据的可靠性就越高，线性回归“系数”也越可靠，因果关系也就更为显著。“p 值”的统计学定义有些反直观，它代表当“系数”的真实值为 0 时，你作出“系数不为 0”这个判断是误判的可能性。比如，对于变量 X 的系数而言，p=0.0181 的含义是，如果真实值为 0，那么仅有 1.81% 的可能性你会作出误判。这也就相当于基本确认了，基于观测到的样本数据，系数不为 0 是一件十分可信的事情。所以，如果“p 值”很小（从统计学上讲，需小于 0.05），我们就拥有足够的证据来判断系数不为 0，即因果关系存在。如果“p 值”不够小，那表明有一定的可能“p 值”的真实值为 0，即我们对于因果关系的结论有可能是错误的。所以在使用线性回归进行因果推断时，我们不仅关心回归“系数”，并且一定要得到相应“p 值”的“肯定”。

回归模型不仅适用于离散的变量，也适用于连续的变量。在上面的模型中我们将混淆变量年龄分为了青年、中年和老年三个离散的取值。事实上为了避免对青年、中年和老年的定义问题，我们可以将年龄看作一个连续变量，建立以下线性模型：

$$Y=\theta+\alpha X+\beta A$$

这里 A 指代年龄，系数的含义就是当年龄增长 1 岁的时候患上心血管疾病的概率就会增加 β。可见在回归模型中我们有许多灵活的方式来表达变量，将年龄分段表达为青年、中年和老年人群，表示这三组人在患有心血管疾病的概率上有明显的差异，但是各人群内部的差异就忽略不计了；将年龄当作连续变量表达，表示年龄对心血管疾病的影响是随年龄的增长而逐渐增加的。对如何表达变量的选择，反映了我们对变量之间潜在关系的假设。

线性回归不仅可以用于因果推断，在预测问题中也有着十分广泛的应用。事实上，我们也可以将以上模型理解为，已知某样本的年龄和运动的情况，预测该样本患心血管疾病的概率。但是不同的是，在使用回归模型进行预测时，我们并不会考虑因果关系。这是一个非常值得讨论的问题。同样的技术手段，在不同用途中有着不同的侧重点。预测问题看重的是预测准确率，但并不强调是什么原因导致了预测结果。在解决预测问题时我们只需要借助变量之间的相关性就足够了，不需要建立因果关系，因为最终的目标是线性回归指标 R^2，指标越高表示预测准确度越高。而因果推断则不同，我们并不那么在意 R^2 指标有多高，而是更加注重因变量 X 是否对果变量 Y 产生了直接影响，即因变量所对应的系数。线性回归作为一种建模方法只是揭示了变量之间的相关性，并不能直接告诉我们因果关系。但因为我们将假设的因果关系赋予了回归模型，才得到了量化的因果推论。也就是说，虽然因变量系数 α 只是描述了 X 和 Y 的相关性，但是由于我们已经排除了混淆变量的干扰，所以才能得到因果推断。在解决实际问题时，理解预测问题和因果推断的区别是非常重要的。

线性回归被广泛地运用于因果关系推断，但同时它也有一定的局限性。你可能也已经发现了，最主要的一点是线性关系的假设。为什么年龄增长 1 岁就一定会增加一分对心血管的危害呢？有没有可能随着年龄的增长，风险增加，但是到了一定的年龄之后风险反而会降低呢？或者刚开始的时候随着年龄增加风险的幅度很小，但是当到达了一定的年龄之后风险才开始大幅增加呢？这些情况都不是线性关系可以准确描述的。有一个解决的方法是建立非线性的模型。我们可以将果变量 Y 被因变量和混淆变量共同表达描述成如下公式：

$$Y=f(X,A)$$

原理仍然相同，通过控制模型中的混淆变量，得到 X 对 Y 的因果关系。不过非线性模型往往需要我们对问题有更多的了解，也需要用到更多的数学工具。许多时候我们并不知道应该如何建模，或者对构建模型是否能够代表真实的情况没有信心，这时我们就需要使用其他的解决方法。

去除混淆（三）：匹配法

接下来介绍的是可以在观测分析中消除混淆变量影响的第三种方法——匹配法。这个方法不需要我们像在回归法中那样去建立模型，但也可以得到因果关系。匹配法的核心思想非常直接，就是从观测数据中去模拟构造一个随机对照实验。你应该还记得，在随机对照实验中，实验组和对照组除了实验干预的因素以外，其他变量在两组中的平均值是相同的，这是随机分配导致的结果，也正因如此，随机对照实验才可以明确找到因变量 X 与果变量 Y 的因果关系。而匹配法，就是将观测中因变量为 1 的样本数据（如经常运动）匹配到因变量为 0 的样本数据（如不经常运动）上，从而模拟出类似于随机对照实验中实验组与对照组的情况，然后就可以得到 X 与 Y 的因果关系。

我们还是借助运动频率和心血管疾病的关系的案例来一起探索。为了更好地介绍什么是匹配法，我们要对之前的模拟数据作一些拓展。首先，我们加入一个新的混淆变量：体重，并且假设样本体重是一个 40 千克至 120 千克之间的随机数；其次，对混淆变量年龄进行重新赋值，我们假设青年人的年龄是一个 21 至 40 之间的随机数，中年人的年龄是一个 41 至 60 之间的随机数，而老年人的年龄是一个 61 至 80 之间的随机数。由此，我们可以根据体重和年龄将样本数据投射在一个二维平面上（见图 4-10）。

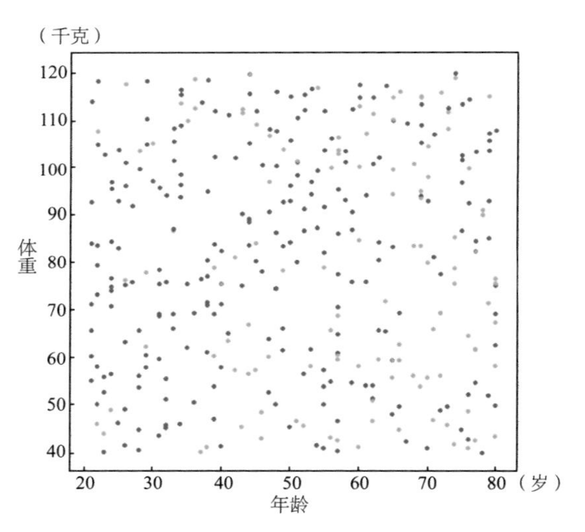

图 4-10　年龄与体重的二维图

注：图中的每一个点代表一个样本

在这个平面上，橙色的点代表了 X=1，即经常运动的人群，一共有 120 个样本；蓝色的点代表了 X=0，即不经常运动的人群，一共有 240 个样本。可以看到，因变量 X=1 的人数比因变量 X=0 的人数少了 120 人。由于我们的目标是构造人数相同的实验组和对照组，所以我们需要从因变量 X=0 的人群中剔除 120 个样本数据。换句话说，我们将构造一个 120 人的实验组（由经常运动的人组成），再将之匹配到一个 120 人的对照组（由不经常运动的人组成）。那么，现在的问题就转化为了如何从 240 个不经常运动的样本中选取 120 个，使得构造出来的实验组与对照组拥有最佳匹配度。也就是说，我们希望通过构造出来的实验组和对照组，得出近似于随机对照实验的结果。

那什么才是最佳匹配度呢？为了让实验组和对照组的数据除了因变量 X 以外都尽量相同，我们将为每一个实验组中的样本匹配一个与其最相似的对照组中的样本。在这个案例中，我们需要在年龄和体重这两个混淆变量上进行匹配，而最相似的含义在二维平面上就是两点之间距离最短。也就是说，我们需要对每一个橙色的样本（实验组），找一个在二维平面上距离它最近的蓝色样本（对照组）。匹配的结果如图 4-11 所示。

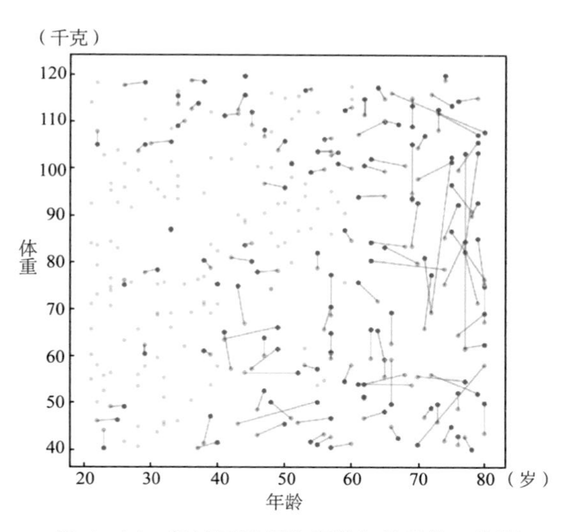

图 4-11 经过匹配后的年龄与体重的二维图

你注意到图中有一些淡蓝色的点了吗？这些就是被我们剔除的120个不经常运动的样本，这样做是为了平衡实验组和对照组的样本数量。你还可以发现，被剔除的样本都属于青年和中年人群，这是因为在我们的数据中，青年和中年经常运动的人数少于不经常运动的人数。而在老年人群中，经常运动和不经常运动的人数相同，所以就不需要剔除样本了。

使用匹配法的优点是无须建模。当匹配完成之后，我们就可以像处理随机对照实验一样，通过对比实验组和对照组，从而得到运动频率对心血管疾病影响的因果关系推论。另外，匹配法和回归法中的建模不仅不冲突，而且可以很好地配合使用。在匹配完成之后，仍然可以在剩下的数据上使用回归模型，得到变量所对应的系数。

匹配法还经常被用于解决实验组和对照组样本数量不平衡的问题。在大量实验中，因为实验干预的实施成本过大，实验组的样本数量经常比对照组样本数量少很多。当实验组样本数量有限的时候，为了从观测数据中获得较为准确的因果关系，我们经常采用匹配法去构建匹配度最佳的对照组。

最后，值得一提的是，匹配法的核心是计算和判断样本之间的距离。在上面的模拟案例中，我们采用了最简单的两点间绝对距离作为判断样本之间距离的方法。在实际问题中，你可能需要考虑许多混淆变量，而且这些变量的计量单位也可能不一样，所以使用什么方法来计算距离也很关键。

对撞变量

之前我们了解了混淆变量造成的伪相关关系，接下来让我们来讨论另一类重要的变量——对撞变量。

首先，让我们来看一个新的案例。这个案例的主人公小明每天上学会乘坐公交车，但是他上学总是迟到。小明迟到的主要原因有两个：一是他睡懒觉没有赶上公交车的班次；二是虽然赶上了公交车，但是由于交通拥堵，公交车晚点。我们每天都对三个变量进行记录：小明是否睡懒觉（X），交通是否拥堵（Y），以及小明是否迟到（A）。这个关系可以用因果关系图（见图 4-12）来表示。

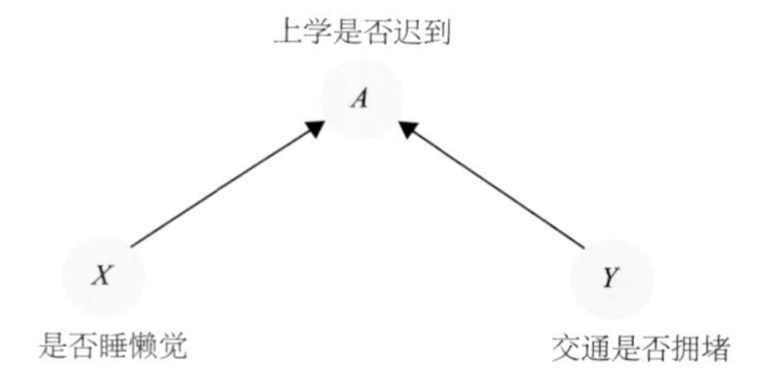

图 4-12　上学是否迟到（A）是是否睡懒觉（X）与交通是否拥堵（Y）关系中的对撞变量

小明是否睡懒觉和交通是否拥堵之间并没有直接关联，所以图中并没有是否睡懒觉（X）指向交通是否拥堵（Y）的箭头。现在设想，如果已知今天小明迟到了，并且早上交通没有出现拥堵，请问小明是否睡懒觉了呢？没错，小明一定睡懒觉了，因为既然不是因为交通拥堵导致了上学迟到，那就只能是因为小明睡了懒觉。类似地，如果已知小明迟到了，并且他没有睡懒觉，我们也可以推测出是交通发生了拥堵。由此可见，当我们已知小明迟到这件事的时候，睡懒觉和交通拥堵这两件原本不相关的事情似乎被关联起来了。

如果我们只提取小明迟到那些天的记录，而不考虑其余天的记录，我们可以观测到睡懒觉和交通拥堵之间是负相关的关系——睡懒觉时交通拥堵的可能性较低，交通拥堵时睡懒觉的可能性较低。这是因为如果小明迟到了，我们就知道睡懒觉和交通拥堵这两件事中至少有一件事发生了，所以我们可以从小明没有睡懒觉推测发生了交通拥堵，也可以从未发生交通拥堵推测出小明睡了懒觉。但是这个相关关系只有在我们将观测限制在小明迟到（A=1）的情况下才会成立。如果考虑所有情况，包含小明迟到和未迟到的记录，那睡懒觉和交通拥堵仍然会是不相关联的事件。

从以上这个例子我们看到，当因果关系结构中是否睡懒觉（X）和交通是否拥堵（Y）共同指向上学是否迟到（A）时，如果我们将观测限定在迟到的日子（A=1），那即使是否睡懒觉（X）和交通是否拥堵（Y）原本毫无关系，但由于观测的限定条件，它们之间将产生相关性。从概率论的术语来说，这样的情况可以称为“X和Y是两个独立事件，但是它们并不条件独立”。

这种在有条件观测的情况下产生相关性的现象在我们的生活中比比皆是。甚至有的时候，它会对我们的固有认知产生困扰。你有没有曾经听人说过“技术能力强的员工通常人际沟通能力不强”“艺术体育特长生普遍学习成绩不太好”“家境优越的人往往学习不是很努力”等类似的观点呢？这些观点往往让人觉得带有偏见，但有时候你是不是也认为这些说法不无道理？事实上，这些观点完全可以由对撞变量来解释。我们将上面观点中涉及的变量列在表4-3中。无论是哪一个观点，X和Y原本可能并没有关系，但是由于人们仅关注了被变量A限定条件后的样本，所以得出了X和Y“鱼与熊掌不可兼得”的结论。

表4-3 由对撞变量产生的偏见

X	Y	A
技术能力	人际沟通能力	被公司录取
艺术体育特长	成绩优异	被学校录取
家境优越	学习努力	“成功人士”

为了进一步说明这个问题，我们假想有100位候选人，他们的技术能力和人际沟通能力的情况如表4-4所示。

表4-4 模拟数据——技术能力和人际沟通能力

技术能力（X）	人际沟通能力（Y）	人数
1	1	25
1	0	25
0	1	25
0	0	25

首先，在这组数据中，我们看到技术能力和人际沟通能力是没有关联的。因为在技术能力强（X=1）的50个人中，有一半人的人际沟通能力强，另一半人的人际沟通能

力弱；类似地，在技术能力弱（$X=0$）的50个人中，有一半人的人际沟通能力强，另一半人的人际沟通能力弱。所以已知技术能力的强弱并不能为判断人际沟通能力强弱提供任何信息，两者是独立事件。然而，公司的录取标准规定了，在技术能力和人际沟通能力中至少应该有一个强项，也就是说，技术能力和人际沟通能力都不强的25个候选人（$X=0$，$Y=0$）将被淘汰。这样我们就会发现在剩下的75个样本中，技术能力强的人里，有50%的人沟通能力强；但是在技术能力不强的人里，100%沟通能力都强。这就造成了大家的印象——技术能力强的人沟通能力相对比较弱。这样的结论并不奇怪，因为观测的对象是已经被公司的筛选标准过滤了的。但如果将这个论断扩展到所有人，认为人的能力此消彼长，技术能力和人际沟通能力不可能同时都很强，那就是一种偏见了。

对撞变量在因果关系中非常重要。当我们针对对撞变量有条件地进行观测时，有可能为原本不存在关联的事件打开一个连接的通道，产生由于条件观测本身所带来的伪相关性。如果不排除这个伪相关性，那因果关系的推论就不可靠了。接下来我们来看一个著名的真实案例，从中我们可以进一步了解到对撞变量的魔力，以及如何避免伪相关性。

这是一个有关孕妇吸烟、婴儿出生体重和婴儿存活率的故事。很早人们就知道，婴儿的体重和其存活率有着直接的关系。当婴儿的出生体重小于2.5千克时，其死亡率就会直线升高。在1964年，有人发现吸烟的孕妇产下的婴儿往往比正常的婴儿体重要轻一些。结合出生体重和存活率的关系，我们大致会推测吸烟孕妇的婴儿存活率会低于正常水平。可是，当人们去观察体重超轻婴儿的数据时，惊奇地发现，吸烟孕妇产下的超轻婴儿反而比一般的超轻婴儿更容易存活！这个发现让人们惊讶不已，因为没有人能够从医学上解释，为什么吸烟能够提高婴儿存活率。但是数据又非常确凿，一时间这个发现激起了社会各界的广泛关注和积极讨论。广告牌上甚至还出现了“放心吸烟吧，你的孩子不会有事”这样的标语。这个诡异的新生儿体重悖论在之后的40年中一直被人们津津乐道，并且成为对撞变量的一个经典案例。

问题出在了哪里呢？首先，在新生儿体重悖论中，我们忽略了一个重要的因素，那就是导致新生儿体重过小的原因不仅有母亲是吸烟者，还有其他一些原因，比如婴儿营养不良或者先天缺陷。由此我们可以画出因果关系图（见图4-13）。

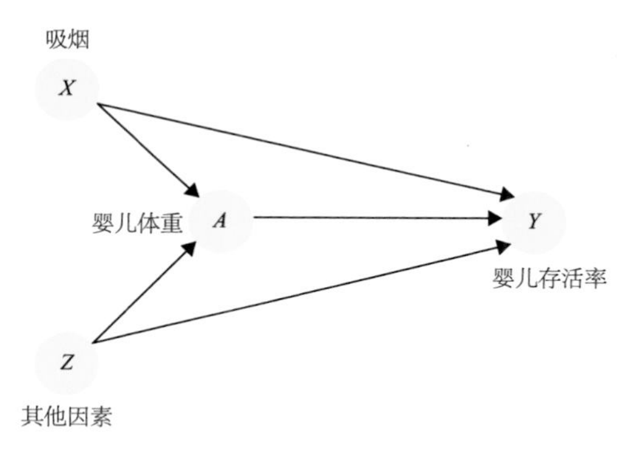

图4-13 婴儿体重（*A*）是吸烟（*X*）、其他因素（*Z*）与婴儿存活率（*Y*）的关系中的对撞变量

这里 X 代表吸烟，Y 代表婴儿存活率，Z 代表其他因素，A 代表婴儿出生体重。这个关系图告诉我们婴儿的存活率可能和所有变量都有关系，而婴儿出生的体重同时受到吸烟和其他因素两方面的影响。你发现对撞变量了吗？没错，这里的对撞变量就是婴儿体重（A）。由于人们的关注集中在超轻婴儿身上，这等于是对婴儿体重（A）进行了条件观测，这就导致了吸烟（X）和其他因素（Z）之间的伪相关关系。这个伪相关关系是这个案例的关键。

一方面，因为其他因素（Z）包含营养不良和先天缺陷这些对婴儿存活非常不利的情况，所以其他因素（Z）对婴儿存活率（Y）有着很强的负面影响。

而另一方面，观测对象被限定在超轻婴儿，这就造成了吸烟（X）和其他因素（Z）之间的负相关关系——母亲吸烟的婴儿反而不容易有营养不良或先天缺陷。

由于其他因素（Z）与吸烟（X）及婴儿存活率（Y）都有很强的负相关关系，这就使得吸烟（X）和婴儿存活率（Y）之间增加了一层正相关的关系。

而正是由于这一层正相关关系，使得原本吸烟（X）对婴儿存活率（Y）的负面影响在条件观测之下变成了正面影响。

以上是从对撞变量出发对新生儿体重悖论的解释，我们也可以更加直观地来理解这个问题：新生儿的体重过轻这件事不仅可能是由于母亲吸烟造成的，也可能是由于营养不良或先天缺陷等其他因素造成的。如果我们找到那些吸烟的母亲，那她们的孩子很可能是因为她们吸烟而导致了体重过轻；但对于剩下那些不吸烟的母亲，她们孩子的体重过轻就不是由吸烟造成的，而是由其他因素造成的，而这些其他因素（营养不良和先天缺陷等）对婴儿存活率的影响其实远远比母亲吸烟大得多。这一切都是由于我们将观测限定于超轻婴儿所造成的。为了避免得出吸烟对婴儿存活率有益这样的错误结论，我们不应该对婴儿体重（A）进行条件观测。也就是说，我们不应该将分析建立在超轻婴儿的样本之上，而是应该考虑所有样本。另外一种校正偏差的方法是在对婴儿出生体重（A）进行限定的同时，对其他因素（Z）也进行限定。在这个案例中，因为其他因素 Z 非常不容易测量，所以限定 Z 在这个案例中很难实现。但是理论上我们可以通过同时量化控制 A 和 Z 来消除因果推断中的偏差，其中原因会在之后的章节中继续介绍。

最后，我们来看一个离我们很近的案例——在新冠病毒研究中出现的对撞变量。在 2020 年新冠疫情初期，中国的统计数据中发现，住院新冠患者中仅有 8% 为吸烟者，但在整体人群中的吸烟者比例为 26%；在意大利的统计数据中也发现了类似的情况，分别为 8% 和 19%。这难道说明吸烟能够有效抑制新冠病毒感染吗？仔细观察后我们发现，许多关于新冠病毒相关风险特质的研究都受限于客观条件，初期的样本大多是从住院病人中选取的，所以研究对象除了包括已经被检测出携带病毒的患者，大多是住院病人。这里又出现了典型的对撞变量。吸烟（X）和感染新冠病毒（Y）同时指向对撞变量住院病人（A），从而在吸烟（X）和感染新冠病毒（Y）之间产生了伪相关性（见图 4–14）。由于住院病人中吸烟者的比例比普通人高许多，所以当一个样本没有被病毒感染的时候，他非常有可能是一位吸烟者，这就让我们误以为吸烟者不容易感染新冠病毒。在我们了解了对撞变量的奥秘之后，相信你就不会轻易被这种统计上的伪相关性所误导了。

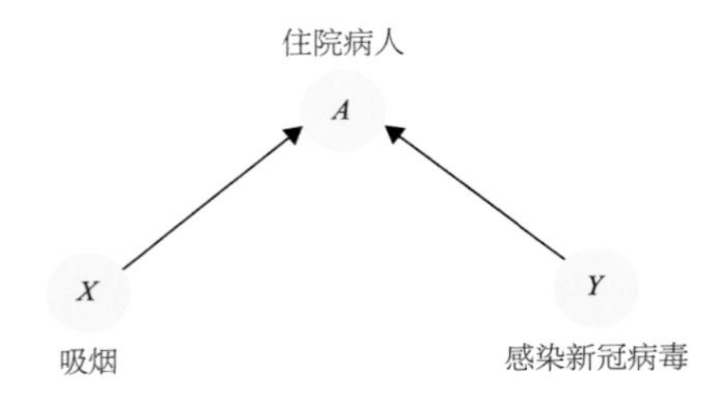

图 4–14　住院病人（A）是吸烟（X）与感染新冠病毒（Y）关系中的对撞变量

解读悖论

你是否对第二章中介绍的辛普森悖论和三门问题还有印象呢？在第二章中我们并没有给出辛普森悖论的答案。现在我们已经了解了混淆变量和对撞变量，接下来就让我们来破解烧脑的悖论。

首先，我们来看三门问题。在三门问题中，你可以先选一扇门，而后主持人会在剩下的两扇门中为你排除一个错误选项，然后问你，是坚持最初的选择，还是选择调换到另一扇门。如果我们用 X 代表你最初选择的门，用 Y 代表真正藏有奖励的门，用 A 代表主持人为你打开的门，那我们可以画出因果关系图（见图 4–15）。

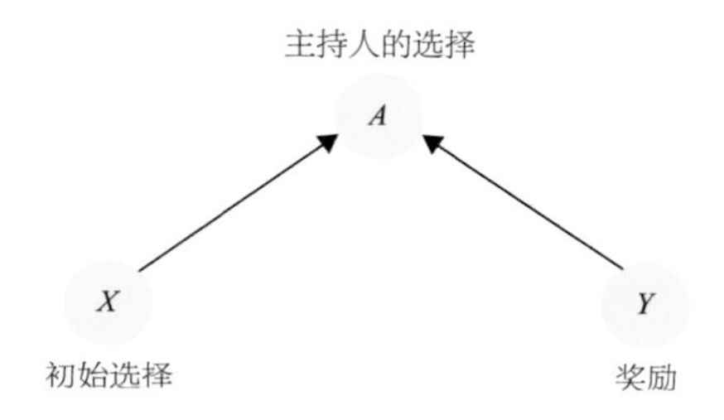

图 4-15 三门问题中，主持人的选择（A）是初始选择（X）与奖励（Y）关系中的对撞变量

主持人的选择（A）在你的初始选择（X）之后作出，所以你的初始选择（X）对主持人的选择（A）有直接的影响；又因为主持人不可能将真正藏有奖励的门打开，所以真正藏有奖励的门（Y）对主持人的选择（A）也有直接的影响。我们发现主持人的选择（A）是一个对撞变量。主持人为你排除错误选项这个举动，实际上为你提供了额外的信息，它让原本不相关的初始选择（X）和奖励（Y）之间产生了相关性。这时如果你利用这个相关性，就应该放弃最初的选择，调换到另一扇门，从而提升获得奖励的概率。

接着让我们再来回顾著名的辛普森悖论。在之前的案例中，我们试图分析新版本教材对考试及格率的影响。在表 2-1 所展示的统计数据中，我们发现男同学在使用新版教材后考试及格率不升反降，女同学同样不升反降，但是综合的考试及格率居然上升了。这个情况让人感到十分意外，如果根据综合的统计结果，我们应该采用新版教材，但是如果根据男女同学分组的统计结果，我们就不应该采用新版教材。我们应该如何选择呢？

让我们还是尝试画出这个问题的因果关系图（见图

4-16）。这个问题中我们希望了解的是，是否使用新版教材（X）对考试及格率（Y）的影响。从表 2-1 的数据中可以看到，在实验组中女同学明显偏多，在对照组中男同学偏多；而且女同学的考试及格率普遍高于男同学。所以，性别（A）同时与是否使用新版教材（X）和考试及格率（Y）相关。所以在因果关系图中，我们让性别（A）指向了是否使用新版教材（X）和考试及格率（Y）。注意是否使用新版教材（X）和考试及格率（Y）不可能指向性别（A），因为样本的性别无法被这两个因素改变。

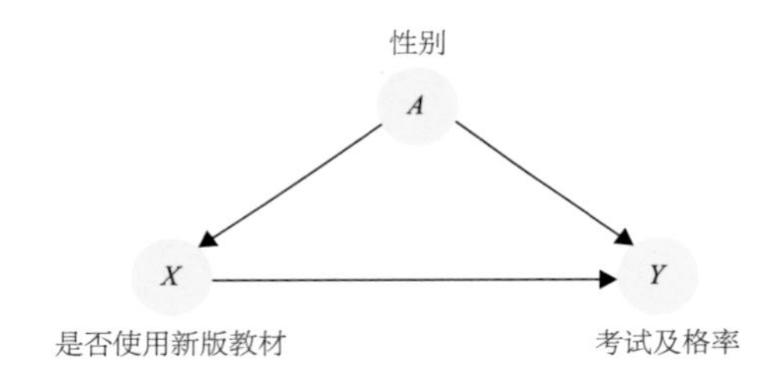

图 4-16　性别（A）是是否使用新版教材（X）与考试及格率（Y）关系中的混淆变量

我们发现，这是我们熟悉的 $X \leftarrow A \rightarrow Y$ 结构，这里性别（A）是一个混淆变量。为了得到真实的因果关系，我们需要排除性别（A）的影响。这里我们可以使用“分层法”，即根据性别（A）的取值，将数据分为男同学和女同学两组来进行观测。随后将两组中观测的结果进行加权平均，就可以得到是否使用新版教材（X）和考试及格率（Y）的因果推断结果。很明显，在这个案例中，基于分组的统计结果，男同学和女同学在使用新版教材后的考试及格率都不升反降，所以我们不应该推广新版教材。

面对辛普森悖论，我们是不是总是应该根据分组的统计结论作出判断，而忽略综合的统计结论呢？事实上并不是这样的。辛普森悖论中出现的数据可以对应多种因果关系的假设。让我们来看下面这个非常相似的例子。场景依然是新版教材的试用情况，但是这次我们不是对男女同学进行分组，而是关注同学们在课堂上积极参与课堂讨论的情况。我们假设，使用新版教材的同学可能会更积极地参与课堂讨论，从而对学习成绩起到正面作用。统计数据如表 4–5。

表 4–5　新版教材试用模拟案例数据（积极参与课堂讨论）

	实验组（新教材）		对照组（老教材）	
	及格人数	不及格人数	及格人数	不及格人数
不积极参与课堂讨论	60（60%）	40（40%）	125（62.5%）	75（37.5%）
积极参与课堂讨论	155（77.5%）	45（22.5%）	80（80%）	20（20%）
综合	215（71.7%）	85（28.3%）	205（68.3%）	95（31.7%）

你没有看错！我们只是原封不动地将之前表 2–1 中数据复制了过来，唯一不同的是这里我们不是根据性别来分组，而是记录了同学们参与课堂讨论的情况。虽然只是一个小小的变动，我们对变量之间因果关系的假设却大不相同了（见图 4–17）。

这里我们的假设是，是否使用新版教材（X）不仅直接对考试及格率（Y）产生影响，而且还可能通过促进学生积

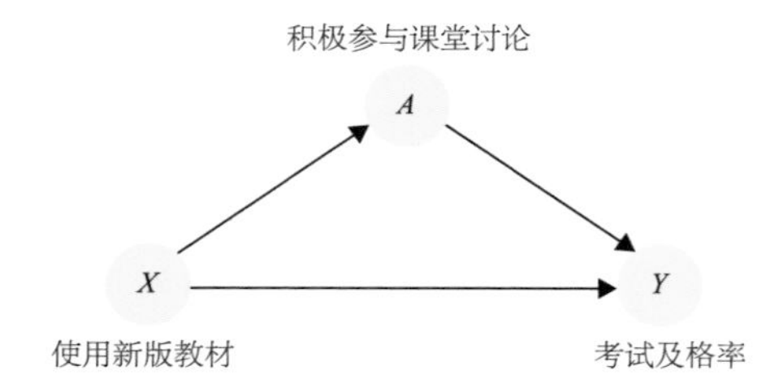

图 4-17 积极参与课堂讨论（A）是使用新版教材（X）与考试及格率（Y）关系中的中介变量

极参与课堂讨论（A）来对考试及格率（Y）产生间接的影响。这里的变量 A 不再是之前案例中的混淆变量，我们把它称之为中介变量。在这个因果关系的假设下，我们就不需要对积极参与课堂讨论（A）进行分组观测。我们可以认为积极参与课堂讨论（A）对考试及格率（Y）的影响也是使用新版教材（X）对考试及格率（Y）影响的一部分。事实上，综合统计结果中考试及格率（Y）的变化，表示了使用新版教材（X）对考试及格率（Y）直接和间接影响的叠加。所以，在这个新的案例中，由于综合考试及格率上升了，我们应该由此得出应当推广新版教材的结论。

相同的一组统计数据，由于对应的因果关系假设，得出的结论也不同。当第三个变量 A 成立为混淆变量时，我们应该根据分组结果得出结论；但当变量 A 是中介变量时，我们应该根据综合结果得出结论。辛普森悖论的不同版本告诉我们，单单凭借数据本身可能无法作出正确的决策，我们还需要结合问题对应的因果关系假设，才能决定如何正确理解和使用数据。

去伪存真

在之前的章节中，我们了解了如何通过因果关系图来描述变量之间潜在的因果关系。我们发现因果关系的最小结构有三种，它们分别是链式结构、分叉结构和对撞结构。所有的因果关系图都可以拆解到这三种最小结构（见图4-18、图4-19、图4-20）。

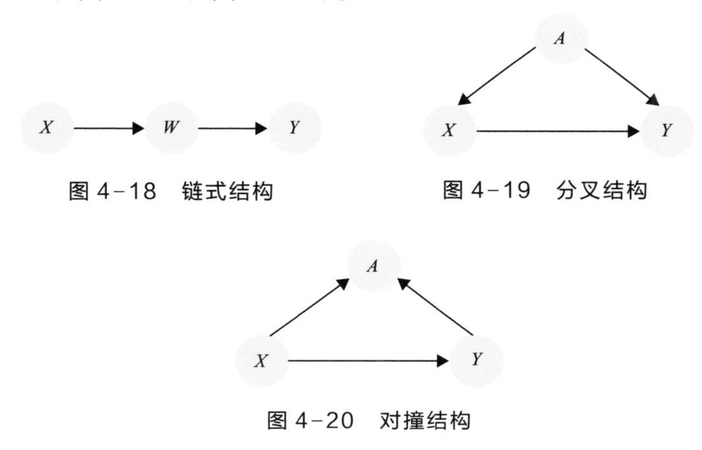

图4-18 链式结构

图4-19 分叉结构

图4-20 对撞结构

当我们从数据中发现变量 *X* 和变量 *Y* 之间存在相关性时，并不能判断 *X* 和 *Y* 之间存在因果关系。因为 *X* 和 *Y* 之间存在因果关系只是一种可能性，另外还有两种可能：一种是由于 *X* 和 *Y* 同时被混淆变量 *A* 影响，所以产生伪相关性（分叉结构）；另一种是因为我们在对撞变量上进行了条件观测，所以造成了 *X* 和 *Y* 之间的伪相关性（对撞结构）。想要得到真实的因果关系，我们要做的就是排除混淆变量和对撞变量所产生的干扰。接下来，我们就要来介绍如何利用因果关系图识别并且排除混淆变量和对撞变量的干扰。

我们首先要来介绍因果关系图中隐含的两类路径——因果路径和非因果路径。对于我们想要探究的 $X \rightarrow Y$ 的因果关系，我们称之为因果路径，它是从 X 出发而终止于 Y 的路径。因果路径可以经过多个变量，前提是因果路径所经过的变量都需要由箭头连接。比如在图 4-21 中，一共有两条 X 到 Y 的因果路径，它们分别是：

- $X \rightarrow Y$
- $X \rightarrow B \rightarrow Y$

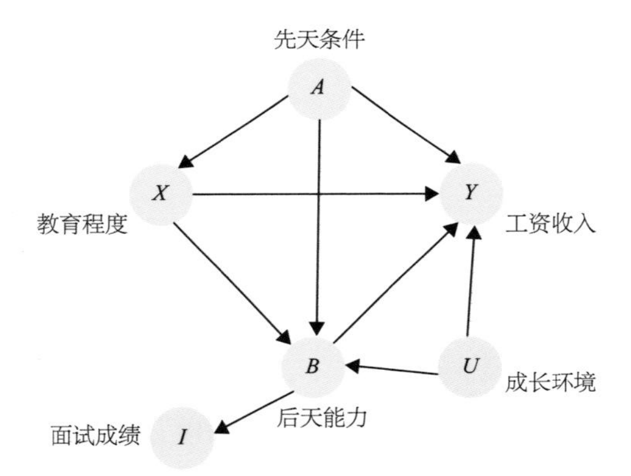

图 4-21 教育程度（X）对工资收入（Y）的因果关系网络图

非因果路径也是由连接 X 和 Y 的线段组成，但不同的是，在连接 X 和 Y 的线段中，至少有一条线段是逆向的。比如在图 4-21 中，我们可以找到四条非因果路径，分别是：

- $X \leftarrow A \rightarrow Y$
- $X \leftarrow A \rightarrow B \rightarrow Y$
- $X \rightarrow B \leftarrow A \rightarrow Y$

- $X \rightarrow B \leftarrow U \rightarrow Y$

我们的核心任务是，从因果路径中推断出因果关系，同时排除非因果路径对因果推断的影响。对于图 4-21 中的两条因果路径，我们可以看到 $X \rightarrow Y$ 描述的是 X 对 Y 的直接影响，而 $X \rightarrow B \rightarrow Y$ 是 X 通过 B 对 Y 施加的影响，变量 B 在这条路径中是中介变量。这两个影响的总和就是 X 对 Y 的总体影响，是我们想要测量的结果。

再来看一下四条非因果路径：

- 在路径 $X \leftarrow A \rightarrow Y$ 和 $X \leftarrow A \rightarrow B \rightarrow Y$ 中，变量 A 都是一个混淆变量，它同时影响了 X 和 Y；
- 在路径 $X \rightarrow B \leftarrow A \rightarrow Y$ 中，变量 B 是一个对撞变量，它同时被 X 和 A 影响；
- 在路径 $X \rightarrow B \leftarrow U \rightarrow Y$ 中，变量 B 是一个对撞变量，它同时被 X 和 U 影响，变量 U 是一个混淆变量，它同时影响了 B 和 Y。

这些都是我们在推断的道路上需要一一排除的因素。

所谓去伪存真，就是要阻断非因果路径，保护因果路径的畅通。这里的关键就在于我们选择去“控制”哪些变量。所谓“控制”，代表着我们对某一个变量进行条件观测。在之前的章节中介绍过，我们可以用分层法、回归法、匹配法等方法来控制一个变量。

事实上 ，决定控制哪个变量或哪些变量是我们进行因果推断分析时的核心决策。通过之前的阅读，也许你已经看出了作出这个核心决策的关键，那就是我们需要理解控制一个变量在不同结构中的不同意义：

- 在链式结构 $X \to A \to Y$ 中，控制变量 A 将阻断 X 和 Y 的直接关联。由于 $X \to A \to Y$ 是一条因果路径，我们希望保护这条路径，所以不应该控制变量 A。
- 在分叉结构 $X \leftarrow A \to Y$ 中，同样地，控制变量 A 将阻断 $X \leftarrow A \to Y$ 这条路径。而这正是我们所希望的，因为变量 A 是混淆变量，$X \leftarrow A \to Y$ 是一条非因果路径，所以控制混淆变量 A 是阻断这条非因果路径的不二选择。
- 在对撞结构 $X \to A \leftarrow Y$ 中，由于原本 X 和 Y 就是没有关联的，如果控制对撞变量 A，不仅不会阻断路径 $X \to A \leftarrow Y$，反而会创造连接 X 和 Y 之间的桥梁。我们在之前的章节中通过小明上学迟到的案例特别说明了这个问题。由于 $X \to A \leftarrow Y$ 是一条非因果路径，我们希望阻断这条路径。实际上我们只要什么都不做，这条非因果路径就自然被阻断了。

基于以上的规则，让我们回到图 4-21 的例子中。

- 对于非因果路径 $X \leftarrow A \to Y$，我们观察到了一个清晰的分叉结构，所以应该选择控制混淆变量 A 来阻断它。
- 对于 $X \to B \leftarrow A \to Y$ 和 $X \to B \leftarrow U \to Y$ 这两条非因果路径，B 都为对撞变量，所以我们不需要对 B 进行任何处

理就自然阻断了这两条路径。事实上，如果控制了 B，不仅会为这两条非因果路径打开通道，而且会阻断 $X \rightarrow B \rightarrow Y$ 这条我们需要保护的因果路径。

- 对于最后一条非因果路径 $X \leftarrow A \rightarrow B \rightarrow Y$，由于我们已经控制了变量 A，所以也就阻断了这条路径。

所以，看似复杂的关系网络，经过我们的分析后发现，只需要控制变量 A 再进行统计分析，就可以得到 X 对 Y 的因果关系推论了。为了加深直观上的理解，我们可以为这个因果关系图赋予现实的意义：我们的研究对象是受教育程度（X）对工资（Y）的影响，而工资（Y）除了被受教育程度（X）影响以外，还取决于先天条件（A）、后天能力（B）和成长环境（U），最后，后天能力（B）可以通过面试成绩（I）体现出来。

当我们正确地选择了控制哪些变量之后，我们就完成了去伪存真，可以从因果路径中去获得因果关系推断了。不过在前进的道路上还有两个方面需要我们注意。第一个需要注意的方面是，如果控制了一个变量，那么对于指向这个变量的其他变量也是一种控制。比如在图 4-21 中存在 $B \rightarrow I$ 的关系，如果我们将观测限制在面试通过的候选人上，也就是控制了 I，那么这就相当于部分控制了 B，这会给最后的因果推断造成偏差。这是因为 B 和 I 存在直接的因果关系，如果我们限定 I 的取值，那也就相当于部分限定了 B 的取值。B 和 I 的因果关系越强，控制 I 的危害也就越大。

第二个需要注意的方面是，在实际中往往存在一些抽象的混淆变量，我们虽然希望控制它们，但是却无法测量，导致我们无计可施，比如信心、期望、焦虑、快乐、综合素质等。不过很多时候我们还是会选择将它们画在因果关系图中来表示其潜在的影响。我们只需要注意这些变量是无法被“控制”的。

有没有更便捷的方法来告诉我们应该控制哪些变量呢？这里我们要介绍著名的“后门法则”。所谓“后门”指的就是那些连接 X 和 Y 的且初始箭头指向 X 的路径。比如在上面的例子中就有两条后门路径，$X \leftarrow A \rightarrow Y$ 和 $X \leftarrow A \rightarrow B \rightarrow Y$。后门法则为去伪存真点明了一个更加简洁而有效的判定方法，那就是为了得到 X 和 Y 的因果关系，我们只要“控制”满足以下两个条件的变量就可以了：

- 阻断所有“后门”；
- 不在因果路径上。

多么言简意赅啊！仔细观察，后门法则是对我们之前说的“阻断非因果路径，保护因果路径”的进一步提炼。后门法则的第一条针对所有“后门”路径，即连接 X 和 Y 但是初始箭头指向 X 的路径，不难发现这些路径都是非因果路径，所以我们当然应该果断地阻断它们。后门法则的第二条要求被控制的变量不在因果路径上即可。这是因为对于剩余的连接 X 和 Y 的路径，只有两种可能：一种是因果路径，我们不该阻断它们；另一种是非因果路径，但不难发现这些路径都已经被自然阻断了（否则它们就是因果路径）。比如在上面的例子中，$X \rightarrow B \leftarrow A \rightarrow Y$ 和 $X \rightarrow B \leftarrow U \rightarrow Y$ 这两条路径就是从 X 出发的两条非因果路径，它们不是“后门”路径，它们是被自然阻断的，所以不需要进行任何处理。

看似高深的后门法则已经被我们轻松破解了。根据后门法则，我们只需要将精力集中在“后门”路径上，并且小心不要影响因果路径就可以了。准备好了吗？请你在接下来的几个例子中小试身手吧。

案例一：吸烟对孕妇流产的影响。

这个案例中我们希望了解吸烟（X）对孕妇流产（Y）的影响。这里的因果关系图（见图 4–22）告诉我们有两组关系需要考量，一个是吸烟（X）通过造成疾病或身体异常（A）从而导致流产，另一个是疾病或身体异常（A）可能已经导致了过往的流产经历（B）。请问在这个例子中应该控制哪些变量呢？

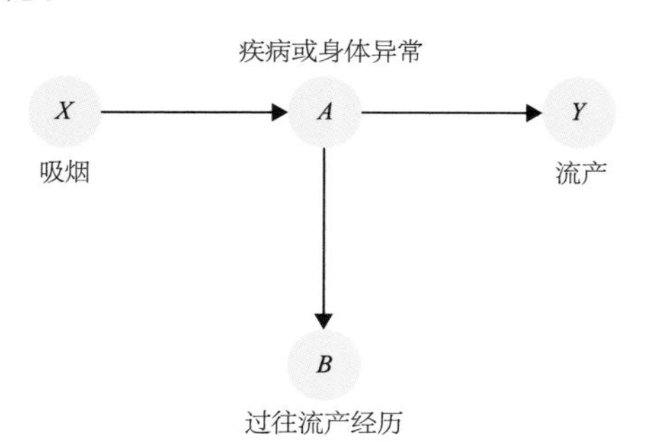

图 4–22　案例一因果关系图

根据后门法则，我们不需要控制任何以 X 出发的路径上的任何变量，这就包括 A 和 B。值得一提的是，如果没有给定因果关系图，我们很有可能将过往的流产经历（B）作为控制变量，因为我们直观上会认为过往的流产经历是评估未来流产可能性的非常重要的因素。这一点无可厚非，因为从数据中我们往往可以发现，过往流产经历和之后的流产可能性是高度相关的。但事实上，如果我们将疾病或身体异常（A）作为控制变量再次进行观察，我们会发现过往流产经历（B）和之后是否流产（Y）并没有高度的相关性，这就是说，它们之间原本的高度相关性是由于疾病或身体异常（A）这个混淆变量造成的。相反，如果我们没有以上这个认知，我们就可能对过往流产经历（B）进行控制。那么由图4-22所示的因果关系图我们可以知道，对过往流产经历（B）进行控制，将会导致部分对疾病或身体异常（A）的控制，继而会造成因果路径 $X \rightarrow A \rightarrow Y$ 的部分阻断，从而低估吸烟对流产的危害。

案例二：孩子的文化水平和其患糖尿病的关系。

在这个案例中我们关心孩子的文化水平（X）和其患糖尿病（Y）的关系。这里的其他变量包括家庭收入（W）、母亲的糖尿病史（A）以及母亲是否携带致病基因（V）（见图4-23）。这里我们的假设是母亲的糖尿病史（A）是一个对

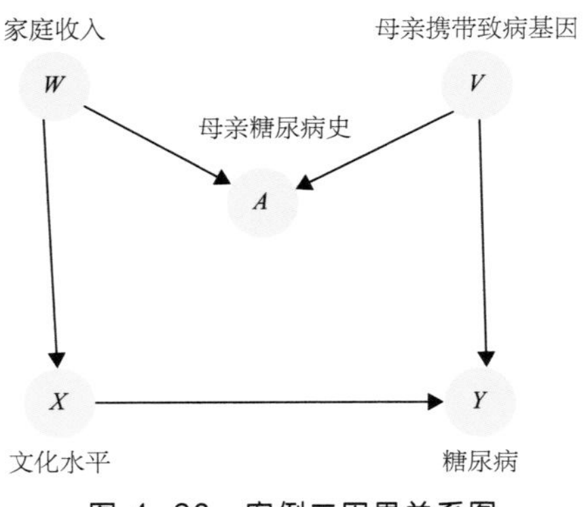

图 4-23 案例二因果关系图

撞变量，它同时被家庭收入（W）和致病基因（V）所影响。请问在这个例子中应该控制哪些变量呢？

我们发现这个例子中只有一条后门路径，那就是 $X \leftarrow W \rightarrow A \leftarrow V \rightarrow Y$。根据后门法则，我们应该阻断它。不过事实上这条路径已经自然阻断了，因为变量 A 是对撞变量。所以我们还是不需要控制任何变量。如果我们控制变量 A，比如将样本数据分为糖尿病的母亲和非糖尿病的母亲来观测，就会在 W 和 V 之间制造出伪负相关的关系。而 W 和 V 的伪负相关关系会传导转化为 X 和 Y 的伪负相关关系，最终导致我们对文化水平对糖尿病的影响的相关结论产生偏差。

让我们对这个案例再做一些延伸。如果我们加入一个假设，母亲的糖尿病情况（A）也可能对孩子的文化水平（X）有影响（严重的糖尿病患者无法给予孩子足够的辅导和支持），也就是加上 A 指向 X 的箭头（见图 4-24）。这次我们需要控制哪些变量呢？

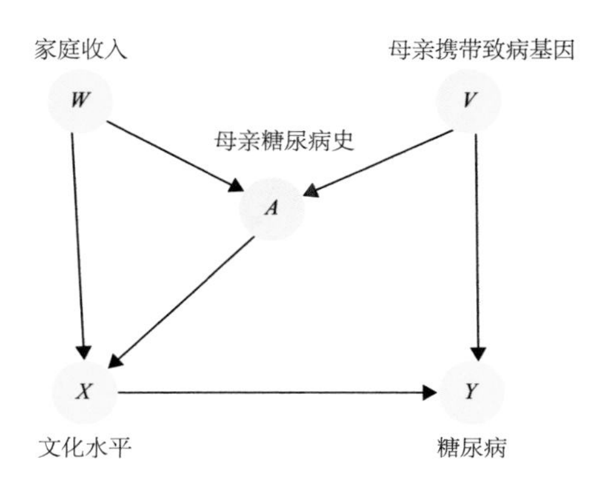

图 4-24 考虑母亲糖尿病史（A）对文化水平（X）的影响后的因果关系图

现在我们有了一条新的后门路径 $X \leftarrow A \leftarrow V \rightarrow Y$。为了阻断这条后门路径，我们需要控制 A 或者 V。如果我们控制 A，那就“打开”了原先的后门路径 $X \leftarrow W \rightarrow A \leftarrow V \rightarrow Y$，所以控制 V 可能是比较好的一个选择。但是如果控制 V 有困难（比如检测母亲是否携带致病基因这件事成本很高），我们也可以选择控制 A 来阻断这条后门路径，但必须与此同时控制 W 来阻断原先的后门路径 $X \leftarrow W \rightarrow A \leftarrow V \rightarrow Y$。通过这个例子，我们看到要阻断后门路径可能会有多种选择，我们可以根据实际情况去选择既正确又节省成本的方案。

案例三：孩子玩游戏的时间对肥胖的影响。

在这个案例中我们想要了解孩子玩游戏的时间（X）对肥胖（Y）的影响（见图 4-25）。这里的相关关系包括：

- 玩游戏的时间（X）通过挤压了运动时间（A）导致肥胖（Y）；

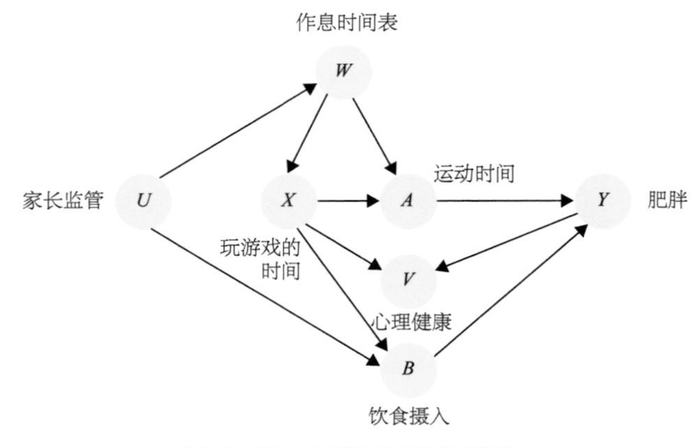

图 4-25　案例三因果关系图

- 玩游戏的时间（X）和运动时间（A）同时被家长设置的作息时间表（W）所限制；
- 家长监管（U）决定了孩子的作息时间表（W）和孩子的饮食摄入（B）；
- 玩游戏的时间（X）过长的话可能导致饮食摄入（B）问题继而影响肥胖（Y）；
- 玩游戏的时间（X）过长和肥胖（Y）都可能造成孩子产生心理健康问题（V）。

请问为了得到 X 对 Y 的因果关系，我们应该控制哪些变量呢？

同样，我们发现这个案例中有两条后门路径，分别是 $X \leftarrow W \rightarrow A \rightarrow Y$ 和 $X \leftarrow W \leftarrow U \rightarrow B \rightarrow Y$。对于第一条后门路径，我们应该控制 W 而不是 A，因为 A 在 X 到 Y 的因果路径上。对于第二条后门路径，由于我们已经控制了 W，所以这条后门路径也同时被阻断了。所以在这个案例中，我们仅需要控制变量 W 就可以了。

值得一提的是，在这个研究中，我们很可能希望控制孩子的饮食摄入 B，因为肥胖的问题很可能是饮食所导致的，而且饮食还和玩游戏有一定的联系。但事实上变量 B 是一个中介变量，控制 B 反而会产生推断上的偏差。另外，我们看到变量 V 是一个对撞变量，在实际中，如果用问卷调查的方式进行研究，很有可能出现样本数据中包含很高比例的被过度玩游戏和肥胖困扰的孩子的情况，这是因为这些被困扰的孩子更有可能认真回答问卷。所以在实际中我们需要非常注意可能由于样本的问题所导致的因果推断偏差。

我们就要结束本章的学习了。虽然只是因果关系理论的冰山一角，但相信了解这些内容可以成为你在工作和生活中进行因果推断的敲门砖。让我们最后来回顾一下如何基于观测数据进行因果推断。

相关关系不代表因果关系。我们可以用随机对照实验来检测因果关系，但是当不具备进行实验的条件的时候，我们仍然可以借助过往的观测数据来进行因果推断。要通过观测分析得到因果关系，关键在于排除混淆变量的影响。混淆变量通过同时影响“因”和“果”制造出伪相关性。要排除这种伪相关性，我们就需要控制住混淆变量的影响。我们学习了几种控制的方法，包括分层法、回归法和匹配法。

是不是在因果推断的时候控制越多变量就越好呢？答案是否定的。我们看到在对撞结构中，控制对撞变量往往会适得其反，让两个原本没有关系的变量之间产生伪相关性。所以去伪存真的关键在于识别因果结构，然后对症下药。

我们学会了使用一个直观的工具——因果关系图。通过因果关系图，我们不仅可以提出因果关系假设，而且结合后门法则，可以快速确定哪些变量需要被控制，哪些变量可以不加以控制。最后，我们需要记住，因果推断可以帮助我们从数据出发检验并且量化因果关系，但是它并不能代替我们进行因果关系的假设。

五　因果推断与人工智能

在人工智能技术在各个领域取得卓越成就的同时，研究者们发现因果推断却是人工智能技术中的一块短板。本章将为你展示一些看似简单，但当前人工智能技术却难以胜任的应用，及其背后的技术难点，与你一起展望人工智能的未来。

强人工智能

艾伦·麦席森·图灵（Alan Mathison Turing）在1950年提出了著名的思想实验“图灵测试”（Turing Test）。图灵测试的目的是判断机器是否能够思考。在思想实验中，假想一位考官同时对他看不见的两个对象询问一连串问题，这两个对象其中一个是正常人，另一个是机器人，考官并不知道两个对象的身份。在问答过程中，问题和答案都以文字的形式传输，如果考官在多次询问后无法分辨两个对象哪个是正常人，哪个是机器人，那机器人就算是通过了图灵测试。图灵测试已经提出了70年，人工智能技术也已今非昔比。虽然至今还没有机器能够毫无争议地通过图灵测试，但它显然已经不是遥不可及的梦想了。

我们甚至已经不满足于图灵测试的标准。约翰·希尔勒（John Searle）在1980年提出了另一个著名思想实验"中文房间论证"（Chinese Room Argument）。希尔勒认为模拟人类智能行为的机器只能算是弱人工智能，而真正的"强人工智能"（Strong AI）应该和人具有相同的理解能力和认知意识。在这个思想实验中，希尔勒假想自己在一个封闭的房间中，接受门缝中塞进来的中文问题。他将根据房间内的一本指导手册来寻找对应的答案，虽然希尔勒完全不懂中文，但他却可以根据手册的引导给出中文汉字的回答。因为手册总是能够引导他给出正确答案，所以房间外的人会误以为希尔勒是一位中文母语者。通过这个思想实验，希尔勒希望说明，即使房间里的人可以依靠一本功能强大的手册来以假乱真，但也不能改变他并不理解中文的事实。也就是说，即使机器通过图灵测试，也不能说明机器真的可以像人一样思考。

人工智能的哲学思考在神经科学研究的助推下激发了更多科学家的热情。DNA双螺旋结构的发明者之一，同时也是神经科学家的弗朗西斯·克里克（Francis Crick）在1994年的著作《惊人的假说》（Crick et al., 1994）中阐述道："一个人的精神活动完全是由神经元、神经胶质细胞以及构成并影响它们的原子、离子和分子的行为所导致的。"克里克希望大家认识到，人的意识、思想、感知等这些原本哲学层面的问题，都是可以被科学所定义和研究的。这也就意味着，如果我们了解了人脑中意识、思想、感知等机制是如何运作的，我们就有可能让人工智能不仅仅是一个拥有强大运算能力的工具，也是一个可以拥有自主意识、情感感知以及逻辑推理能力的智能人。

受到了神经科学的鼓舞和启发，更多的科学家投入到对人工智能的研究之中。一部分研究主要导向了对人脑运作机制的探索，并试图用计算机模拟人脑的运转方式；另一部分则是在人脑神经网络结构的启发之下，创立了计算机神经网络算法，并从这里开始，逐渐将其发展壮大成为今天人工智能的核心技术。

人工智能的短板

在十年以前，如果人们谈论刷脸解锁手机、机器人作曲、机器人看病这些应用场景，大多数人都会以为这些还是只会出现在科幻电影中的场景。短短十年间，这些却都已经变成了现实。图像识别、语音助手、广告推荐、信贷审核、股票交易、欺诈识别、无人驾驶、医疗诊断、农业管理等人工智能技术已经深入到人类社会生活的各个领域，并依旧不断给世界带来惊喜。

“人工智能下一步的发展会是什么呢？”“还有哪些事情是人工智能做不到的呢？”“人工智能什么时候会超越人类呢？”……这些都是我们经常听到的问题。要真正预测人工智能的未来发展，我们就要了解人工智能的优势和短板，而因果推断恰恰就是人工智能的一块短板。

深度神经网络模型是人工智能技术的核心之一，受到人脑神经网络结构的启发。它本质上和其他机器学习模型一样，是从大数据中寻找变量之间的相关性规律，然后再试图利用这些规律在新的数据上进行预测。深度神经网络模型并不理解变量之间的因果关系。事实上，即使是模型中记录的相关性规律，也由于模型结构复杂常常无法被直观理解，这也是大家经常说人工智能算法是一个黑匣子的原因。

人工智能模型像是一株破土而出的藤蔓，很快铺开到世界的各个角落，甚至大大超出了培育它的科学家们的预期。但是，我们发现这株藤蔓的疯狂生长只是横向的，鲜有纵向的攀升。就像因果关系理论的奠基人之一，图灵奖得主朱迪亚·珀尔在《为什么：关于因果关系的新科学》中指出的（Pearl et al., 2018）：

“……深度学习系统的理论局限性，主要是由于它们被限制在因果思维层级框架的第一层级。这个限制并不妨碍 AlphaGo 在围棋游戏世界中的表现，因为固定的棋盘和游戏规则已经为围棋世界构建了充分的因果关系。然而，在医学、经济学、教育、气象学、社会关系等复杂的网络环境中，系统会因为无法探索因果关系而被限制，以至于它只能通过一些表面的现象来进行判断。”

接下来就让我们通过人工智能在图像识别、自然语言以及辅助决策方面的案例来进一步观察人工智能的这块短板。

我们先来看一看人工智能在图像识别判断中所产生的误差。对 MNIST 手写数字数据集的识别是深度神经网络模型最基础的应用之一。MNIST 的训练数据集包含 6 万张数字图片，测试数据集包含 1 万张数字图片。深度神经网络模型将在训练数据集上进行学习，然后在测试数据集上验证自己的判断能力。对于深度神经网络模型，这不是一个特别难的问题。一个神经网络模型的初学者就可以在自己的笔记本电脑上建立模型，并且在测试数据集上达到 99% 的识别准确率。那么我们是否可以认为，机器可以完全取代人类进行数字识别的工作了呢？ 对于工整的手写数字输入，人工智能确实可以胜任，但是我们发现如果在数据上做一些变动，比如给数字加上一层颜色代码，或者对数据做上下左右的位移（见图 5-1），那么识别的准确率就会直线下降。反观人类，在以上两种干扰的情况下的表现只会

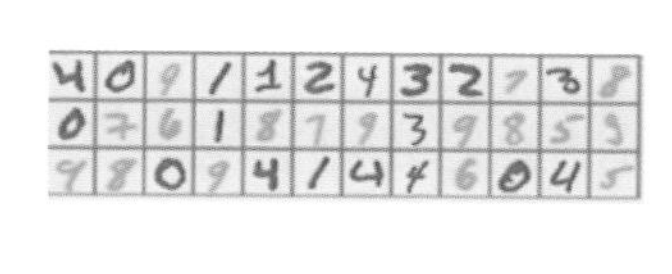

图 5-1　原 MNIST 数据（左）；被添加颜色代码的数据（中）；被进行位移的数据（右）

轻微地受到影响。

为什么机器不像人类这样能够抗干扰呢？我们先来讨论增添颜色代码。作为人类我们可以立刻发现，在这个场景里，颜色其实是没有意义的信息，对识别数字并没有帮助，所以会自动排除这个信息的干扰。但是对于人工智能则不同。人工智能得到的输入信息是原始的图片像素，如果数字的颜色都是相同的，那模型自然就不会受到颜色信息的干扰。但是如果有的数字是红色，有的是绿色，那么模型在训练的时候就会考虑通过颜色代码来预测数字，比如是不是数字 4 和红色的联系更加紧密，数字 8 和绿色的联系更加紧密，等等。颜色和数字之间的相关性无疑增加了机器学习的复杂度，干扰了人工智能的判断。

再来看数字位移的扰动。人类面对位移扰动的时候，会将视角先聚焦到数字上，忽略空白的区域，然后再调用自己对数字形状局部的印象来作出判断。人工智能则不然，它的视角一直停留在 28×28 的原始像素画布上，不会预先放缩到局部，模型可能需要很长时间的训练才会理解应该忽略空白区域这件事情，所以说因位移而导致的部分数字残缺会大大增加学习的复杂度。

通过颜色和位移这两个干扰，我们可以发现，人类由于了解颜色和位置的变化与数字之间并不存在因果关系，所以在进行判断的时候可以立刻作出正确的决策（忽略颜色或是聚焦到局部），从而做到抗干扰。而对于人工智能，颜色和位置与数字之间的关系是一个高深莫测的隐藏信息。事实上，当研究者们在深度神经网络模型中明确加入颜色和位移变量，并点明其与数字的因果关系后，机器识别的准确度就回升了（Arjovsky et al., 2019；Zhang et al., 2021）。

如果说在识别图片中的内容方面，人工智能还可以和人类一较高下，那么对于读懂图片背后的故事，人工智能就只能望尘莫及了。图 5-2 中展示了几个人工智能生成的图像说明。第一张图是球星苏亚雷斯在进球后庆祝胜利；第二张图是 1979 年美国航空 191 号班机在芝加哥奥黑尔机场坠毁前的影像；第三张图是 1998 年在前线抗洪抢险的战士们。可以看到，进球后的庆祝、快要坠毁的飞机和抗洪救灾的战士，在人工智能眼中变成了玩飞盘的人、飞过楼房的飞机和冲浪的人。人工智能虽然已经正确识别了图片中的主要元素，但是却给出了完全错误的解读。这说明要真正读懂一张图片，识别图中的主要元素只是第一步，我

一个年轻人在玩飞盘

一架飞机在空中飞过楼房

一群在水中冲浪的人

图 5-2　人工智能生成的图像说明

们还需要理解这些元素所涉及的“背景知识”，比如夸张的庆祝动作是足球比赛中进球后的标志，飞机降落时不能侧倾否则就会坠毁，人们一字排开站在水里组成人墙是为了阻挡水流。而这些在人类头脑中储备的常识性因果关系对于人工智能来说显得遥不可及。如果你对生成图片说明的方法感兴趣，你可以登录 IBM 的应用页面来了解更多。

人工智能的手足无措同时也表现在对自然语言的理解上。2020 年著名的人工智能公司 OpenAI 发布了 GPT-3，一个基于 5700 亿 GB 语料、包含 1750 亿个参数的强大自然语言生成模型。GPT-3 给人带来的惊喜不是因为它规范的语法和流畅的句式，也不是因为它在知识问答类问题上百发百中的表现，而是因为它在与人类在自由对话时所展露出来的以假乱真的能力。比如（Lacker，2020）：

人类提问：“你最喜欢的动物是什么？”

机器回答：“我最喜欢的动物是狗。”

人类提问：“为什么呢？”

机器回答：“因为狗忠诚且友善。”

人类提问：“那你能否告诉我两只狗发脾气的原因？”

机器回答：“两只狗发脾气的原因是它饿了或者它感到热了。”

人类提问：“长颈鹿有几条腿？”

机器回答：“长颈鹿有两条腿。”

人类提问：“青蛙有几条腿？”

机器回答：“青蛙有四条腿。”

人类提问："存在三条腿的动物吗？"
机器回答："不存在三条腿的动物。"
人类提问："为什么不存在三条腿的动物呢？"
机器回答："不存在三条腿的动物是因为它们会摔倒。"

如果不告诉你，你能感受到这是人工智能在与你对话吗？不过虽然GPT-3让我们眼前一亮，但它也还是会犯一些低级错误，比如：

人类提问："长颈鹿有几只眼睛？"
机器回答："长颈鹿有两只眼睛。"
人类提问："脚上有几只眼睛？"
机器回答："脚上有两只眼睛。"
人类提问："蜘蛛有几只眼睛？"
机器回答："蜘蛛有八只眼睛。"
人类提问："太阳有几只眼睛？"
机器回答："太阳有一只眼睛。"

我们发现GPT-3似乎明白如何与人进行交流，但是却对一些常识问题缺乏理解。为什么呢？这是因为自然语言学习算法是基于给定语料进行学习的，GPT-3从海量的语料中收集信息，你可以理解为它把互联网上有文字记录的内容都学了个遍。深度学习算法的本质是根据词汇语句出现的相关关系来进行推测，也就是说，当机器接收到一个问题的时候，它会给出一个它认为最有可能的答案，而这个答案并不是基于它对问题本身的理解，而是基于在它所学习的语料中出现过的类似内容。所以这就不难理解，作为人类，我们立刻可以判断出“脚上有几只眼睛”是一个奇怪的问题，这个问题没有答案，因为我们理解脚上是不会长眼睛的；但是对于 GPT-3 来说，它并不理解眼睛不能长在脚上这层关系，而在给定的语料中也并没有出现有关“知识”，所以 GPT-3 自然无法正确回答这个问题。

即使只是基于词句之间的相关性，人工智能也已经取得了非常不错的成绩。比如人工智能可以通过学习模仿前人的诗作来“以假乱真”，写出流畅的诗歌。但人类的语言中其实充满了逻辑思维，这让人工智能常常摸不着头脑。让我们来看看表 5-1 中的几个句子。

表 5-1　人工智能无法理解的句子

句子 A	句子 B	问题
这个花瓶很漂亮，但是它太小了装不进去。	这个花束很漂亮，但是它太小了装不进去。	句子中的“它”指什么？
张三和李四是兄弟。	张三和李四是父亲。	张三和李四有关系吗？
我们每个人心中都有一个梦想。	我们每个人心中都有一个祖国。	我们有多少个梦想和祖国？

我们发现句子 A 与句子 B 虽然句式相同，却表达了不同的意思。对于最后一列中的问题，句子 A 和句子 B 有着不同的答案。这些问题对我们来说并没有难度，但是对人工智能而言，要对这些问题进行正确的回答，就需要理解背后的逻辑关系。

第一个例子中，句子 A 中的“它”指代的就是花瓶，但句子 B 中的“它”指代的是句子中并没有出现的装花束的容器。

第二个例子中，句子 A 中张三和李四是兄弟关系，但句子 B 中他们两个并没有关系。

第三个例子中，句子 A 中的梦想是抽象的，所以人人都有一个梦想，但句子 B 中的祖国是具象的，许多人拥有的是同一个祖国。

这些逻辑关系，人工智能是很难直接从语料中捕捉到的。

人工智能在辅助决策时也会因为其对因果关系的不理解而导致偏差，严重时可能演变成“算法偏见”。人工智能算法制造的偏见存在于商业、保险、医疗、犯罪、就业等各个领域：疾病治疗预判算法对非洲裔种族的偏见（Obermeyer et al., 2019），信用积分算法对低收入人群的偏见（Barocas et al., 2016），犯罪筛查算法对非洲裔种族的偏见（Lum et al., 2016），招聘筛选算法对女性候选人的偏见（Ajunwa, 2020），甚至电商购物中的算法对低收入人群在价格上的偏见（Della-Vigna et al., 2019），等等。

这些偏见产生的原因有很多，其中也包括在现实社会中人类本身就存在的对性别、种族、收入等个人基本特征的偏见。而在绝大多数情形下，人工智能不仅没有试图校正这些人类的偏见，反而继承了它们。如果说在现实社会中这些偏见还是拿不上台面的潜规则，那人工智能则大大方方地将它们直接列为判断结果的依据。究其原因，还是因为人工智能受到了伪相关性的干扰。算法依据性别、种族、收入这些基本特征确实提升了算法判断的准确度，因为这些特征与实际结果整体上的相关度很高。但是人工智能并不理解，招聘决策应该主要基于能力而不是性别，预判犯罪应该主要基于行为和态度而不是种族，信用积分应该主要基于过往信誉而不是当前收入。如果误将这些个人基本特征和实际结果之间的相关性当成因果关系作出判断，那就会造成对一部分人系统性的歧视。

除此之外，我们希望通过另外一个技术视角来理解人工智能的短板。那就是人工智能缺乏将知识泛化的能力。我们可以这样理解当前的人工智能算法：首先需要从训练样本中提炼出规律，然后再将这些规律运用到新的测试样本上进行预测，所以当训练样本和测试样本的来源非常相似时，预测的准确率就高；反之，如果训练样本和测试样本相差很大，那从训练样本上提炼的规律就不一定适用于测试样本，预测的准确率就低。也就是说，算法缺乏将训练样本上提炼的规律进行泛化的能力。

在图像识别、自动驾驶、围棋这些人工智能表现卓越的项目中，训练样本是从真实世界中获取的，而且取样的数据量十分庞大，所以我们可以认为训练样本和测试样本的情况是一致的，从训练样本中得到的规律也就比较可靠。但是，我们可以来设想以下几种情形，看看如果训练样本不能代表测试样本的时候，结果会怎么样。

情形一：如果训练样本是二维图片，而测试样本是三维物体，那么人工智能还能识别吗？将用于识别二维图片的深度学习模型直接运用于识别三维物体，是无法成功的。

这是因为在识别二维图片的深度学习模型中取得的规律无法直接套用到三维世界中。对于三维物体的识别需要建立新的更加复杂的模型，并且使用能够体现三维空间的训练样本。但是反观人类，一个孩子虽然只是在画本和电视上看过熊猫，但是却可以立刻在动物园的笼子里认出熊猫，这说明孩子同时具有二维和三维的识别能力，并且可以将信息在这两个维度之间进行自由转换。目前人工智能对如何将二维和三维世界中积累的“知识”自由迁移还处于非常早期的阶段。

情形二：如果我们只用靠右行驶的数据来训练人工智能模型，那自动驾驶汽车还能够在靠左行驶的交通规则下自由行驶吗？我们知道，对于习惯了靠右行驶的人来说，靠左行驶的交通规则将是一个全新的环境。尽管如此，普通人只要经过简单的练习就可以在靠左行驶的环境中上路了，要知道我们是可以使用靠右行驶的中国驾照直接在靠左行驶的英国租车的。但如果在人工智能模型的数据库中没有靠左行驶的样本的话，面对一个全新的环境，自动驾驶汽车就会成为一个十足的“马路杀手”。

情形三：我们知道AlphaGo以及升级版的AlphaZero已经实现了对人类围棋选手的超越，人类棋手甚至已经在学习人工智能的招数来提升自己的棋艺。但试想一下，如果出于某些原因，你和别人下围棋的目标不是要赢，而是要尽量在他不察觉的情况下输掉比赛，人工智能可以做到吗？也许你可以联想到古时候和皇帝下棋的大臣的心理活动。显然人类可以做到很快适应，因为下棋的规则并没有变，只是目标变化了。但是我们知道，基于深度强化学习的 AlphaZero 人工智能的所有训练都基于一个明确的目标，那就是赢得比赛。如果我们将目标改变为以微弱劣势输掉比赛，那我们就需要从底层开始重新训练模型。

以上这三种情形都说明了一个相同的道理，那就是当前的人工智能在面对新环境新问题的时候，并不能像人类一样将已有的知识泛化，做到迅速地迁移知识。人工智能需要从头开始获取新环境的数据，再通过在这些数据上的训练来建立新的认知。其中的根本原因是，人工智能事实上并不了解知识的内在因果关系，所以不能像人类一样根据已经建立的因果逻辑对旧知识进行快速重组，从而快速地适应新环境。

当然，人工智能的短板不仅限于缺乏因果推断能力，还有许多其他方面，比如举一反三的能力、发散想象的能力、抽象概括的能力、重组创新的能力以及人类拥有的其他一些本能等。

以上我们了解到，虽然人工智能在许多方面表现卓越，但也有其明显的短板。人工智能和人类的思考模式有着根本的不同。人工智能从已知数据中提取规律，当训练数据和实际情况相似的时候表现卓越，但当它们明显不同时，则表现不佳。因果关系的缺失是导致人工智能无法像人类一样迅速作出知识推断和迁移的核心原因之一，而当务之急就是打造一台因果推断的脚手架，让深度学习这株藤蔓尽快学会向上攀爬。就像深度学习领域的著名教授、图灵奖得主约书亚·本希奥（Yoshua Benjio）所指出的："如果有一个好的因果模型，那么即使在不熟悉的情景下，（人工智能）也可以进行泛化推论，这一点至关重要。人类能够将自己的经验投射到与我们的日常经验截然不同的情景中。但机器不能，因为它们没有因果模型。我们可以（在系统中）手工加入因果关系逻辑，但这还不够，我们需要机器能够自己发现因果关系。在某种程度上，这不可能完全实现，人类也不能完全理解因果关系，这也是我们会犯很多错误的原因。但人类比其他动物在这件事上要厉害得多。目前我们还没有很好的算法来处理因果关系，但我认为，如果更多的人从事这项工作，并认真研究它，我们一定会取得进步。"（Knight, 2018）

行使因果推断的人工智能

从提出图灵测试到定义强人工智能，在过去的半个多世纪里，人类没有间断过对人工智能的探索。作为人工智能技术的核心算法，深度学习模型是机器学习模型的延伸和扩展，本质上仍然是从数据中寻找变量相关关系的方法，这就意味着我们与实现强人工智能的愿景还相差甚远。缺乏因果推断的能力，是当前人工智能算法中一块明显的短板。如果将过去十年人工智能的成长看作它从胚胎期进入婴儿期的话，那培养因果推断的能力将是人工智能进入它下一个人生阶段的关键。

因果推断和人工智能技术都在过去的几十年间取得了

突破性的进展，但它们的结合领域还是一个刚刚揭开序幕的舞台。越来越多的研究者开始登上这个学术前沿的舞台，将因果推断作为人工智能研究的核心组成部分。

在前沿的研究中，一个非常活跃的技术领域是利用贝叶斯网络模型[①]对因果关系进行刻画，再结合机器学习技术进行模型训练。与传统的机器学习模型不同，贝叶斯网络模型具有很强的描述性。它通过对模型中变量的产生方式进行预先设定，来达到将因果关系假设赋予模型的目的。也就是说，贝叶斯网络模型不仅在乎模型中有哪些变量，而且还在乎这些变量是怎么来的，变量之间的关系是什么样的。贝叶斯网络模型的这个特性，契合了我们希望使用因果关系假设来指导模型训练的想法。

另一个很有前景的技术领域是将因果推断理论与强化学习模型相结合。强化学习模型是基于给定目标和环境，由计算机自行探索最优化行为决策的算法模型。AlphaGo围棋大师就是基于深度强化学习的代表之作。在强化学习中，探索最优化决策，是一个机器不断尝试未知领域，积极寻找到误差后进行调整，最后逐渐逼近最优决策的过程。在这个过程中，如果能够有效地结合因果关系假设，可以为强化学习提供重要信息，让它少走弯路。

以上将因果推断与模型训练结合的方法，有诸多益处。首先，嵌入因果关系假设将提升模型的可用度，比如我们可以通过预设的因果关系来纠正训练数据中隐含的偏见，

---

① 或者其他生成类模型，比如高斯混合模型、隐马尔可夫模型、隐含狄利克雷分布模型等。

从而让算法更加合理。其次，嵌入因果关系会极大提升模型的可解释性，这对增强人工智能应用的可信度会有很大的帮助，特别是在金融、医疗、安保等对算法可靠性要求很高的领域。再次，根据因果关系，模型将对不熟悉的新环境具有更强的适应性，模型在面对新环境中的数据时，可以调用因果关系进行判断，而不是被新的数据牵着鼻子走。最后，嵌入因果关系还可以让模型在训练中少走弯路，这也将直接帮助模型更快地从数据中分析出变量之间的关系，从而提升模型训练的效率。

我们需要指出，在所有的因果推断中，我们都是从一个因果关系假设出发的。但是事实上，我们对因果关系的假设并不一定是正确的。如果我们将错误的因果关系假设嵌入机器学习模型，不仅不能得到上述的好处，往往还会适得其反。

我们即将结束这次因果推断之旅了。希望这个旅程给你留下了一些丰富而有趣的回忆。我们不妨回顾一下这一路经过的风景。

在旅程的第一站，我们认识了因果推断，它是基于因果关系假设，结合数据，对因果问题作出回答的可靠方法。

这之后，我们登上了因果关系的思维阶梯，见证了吸烟是否有害健康的大争论，目睹了由于因果关系的缺席而造成的误判，又试图去理解烧脑的悖论难题。

转了几个弯后，我们迎来了光芒万丈的随机对照实验，并且亲自模拟了设计、实施、分析随机对照实验的过程。

在随机对照实验这座高山背后，是一片广阔而肥沃的平原，这里蕴藏着基于历史观测数据的因果推断方法。我们巧遇了混淆变量与对撞变量这两个捣蛋鬼，但幸好我们找到了因果路径的通道，将这两个家伙阻挡在了因果通道之外。我们发现在因果通道中，世界变得更加清晰，曾经感到迷惑的相关事件变得独立起来，之前烧脑的悖论也迎刃而解了。

在我们感叹去伪存真之际，我们来到了旅程的最后一站——因果推断和人工智能的交叉路口。我们看到，这两条原本平行延伸的道路终于汇合了。虽然这条汇合后的路依然漫长，但是我们已经隐约可以看到道路两旁秀丽的风景，还有无数个光点在向我们微笑。

希望你这一路有所收获、不虚此行。能够与你一路同行，是我莫大的荣幸。最后祝你继续在路前行，欣赏更多的风景，兴许你也可以在道路旁种下一个光点呢。

参考文献

AJUNWA I, 2020. The paradox of automation as anti-bias intervention[J]. Cardozo Law Review, 41:1671−1742.

ARJOVSKY M, BOTTOU L, GULRAJANI I, LOPEZ-PAZ D, 2019. Invariant risk minimization[EB/OL]. (2019−07−05)[2021−05−20]. https://arxiv.org/pdf/1907.02893v1.pdf.

BAROCAS S, SELBST A D,2016. Big data's disparate impact[J]. California Law Review, 104 (3): 671−732.

CRICK F, 1989. The recent excitement about neural networks[J]. Nature, 337:129−132.

CRICK F, CLARK J, 1994. The astonishing hypothesis[J]. Journal of Consciousness Studies, 1(1): 10−16.

DELLA-VIGNA S, GENTZKOW M, 2019. Uniform pricing in US retail chains[J]. The Quarterly Journal of Economics, 134(4):2011−2084.

KNIGHT W, 2018. One of the fathers of AI is worried about its future:Yoshua Bengio wants to stop talk of an AI arms race and make the technology more accessible to the developing world[EB/OL]. (2018−11−17)[2021−05−20]. https://www.technologyreview.com/2018/11/17/66372/one-of-the-fathers-of-ai-is-worried-about-its-future/.

LACKER K, 2020. Giving GPT-3 a Turing Test[EB/OL]. (2020–07–06)[2021–05–20]. https://lacker.io/ai/2020/07/06/giving-gpt-3-a-turing-test.html.

LEWIS R A, RAO J M, REILEY D H, 2011. Here, there, and everywhere: correlated online behaviors can lead to overestimates of the effects of advertising[C]. Hyderabad: the 20th International Conference on World Wide Web, WWW 2011.

LUM K, ISAAC W, 2016. To predict and serve?[J]. Significance, 13(5): 14–19.

OBERMEYER Z, POWERS B, VOGELI C, MULLAINATHAN S, 2019. Dissecting racial bias in an algorithm used to manage the health of populations[J]. Science, 366(6464):447–453.

PEARL J, MACKENZIE D, 2018. The Book of Why: The New Science of Cause and Effect [M]. New York: Basic Books, 259.

SIROKER D, 2010. How Obama raised $60 million by Running a Simple Experiment[EB/OL]. (2010–11–29)[2021–05–20]. https://blog.optimizely.com/2010/11/29/how-obama-raised-60-million-by-running-a-simple-experiment/.

ZHANG C, ZHANG K, LI Y, 2021. A Causal View on Robustness of Neural Networks[EB/OL]. (2021–02–10)[2021–05–20].https://arxiv.org/pdf/2005.01095.pdf.